Alain
Ann

Série
« L'ENQUÊTE ET SES MÉTHODES »

L'ENTRETIEN

2e édition refondue

Sous la direction de
François de Singly

ARMAND COLIN

Dans la même collection :

Série « L'Enquête et ses méthodes » :

18. François de Singly, *Le Questionnaire* (2e édition)
19. Alain Blanchet, Anne Gotman, *L'Entretien* (2e édition)
122. Daniel Bertaux, *Le Récit de vie* (2e édition)
137. Jean-Claude Kaufmann, *L'Entretien compréhensif* (2e édition)
210. Jean Copans, *L'Enquête ethnologique de terrain*
216. Anne-Marie Arborio, Pierre Fournier, *L'Observation directe* (2e édition)
299. Sophie Duchesne, Florence Haegel, *L'Entretien collectif*
313. Olivier Martin, *L'Analyse de données quantitatives*

Série « Domaines et approches des sciences sociales »

37. François de Singly, *Sociologie de la famille contemporaine*
41. Marcelle Stroobants, *Sociologie du travail*
46. Yves Grafmeyer, *Sociologie urbaine*
69. Philippe Adam, Claudine Herzlich, *Sociologie de la maladie et de la médecine*
88. Philippe Corcuff, *Les Nouvelles Sociologies*
98. Claudette Lafaye, *Sociologie des organisations*
99. Catherine Rollet, *Introduction à la démographie* (2e édition)
107. Jean-Manuel de Queiroz, *L'École et ses sociologies*
119. François Laplantine, *La Description ethnographique*
124. Jean Copans, *Introduction à l'ethnologie et à l'anthropologie* (2e édition)
209. Martine Segalen, *Rites et rituels contemporains*
239. Véronique Munoz-Dardé, *Rawls et la justice sociale*
240. Olivier Martin, *Sociologie des sciences*
247. Philippe Corcuff, *Les Grands Penseurs de la politique.*
260. Vincent Caradec, *Sociologie de la vieillesse et du viellissement*
268. Michel Bozon, *Sociologie de la sexualité*
281. Pascal Duret, Peggy Roussel, *Le Corps et ses sociologies*
298. Laurent Berger, *Les Nouvelles Ethnologies*
303. Cyprien Avenel, *Sociologie des « quartiers sensibles »*
311. Emmanuel Éthis, *Sociologie du cinéma et de ses publics*
314. Benoît Heilbrunn, *La Consommation et ses sociologies*
321. Muriel Darmon, *La Socialisation*
322. Laurent Fleury, *Sociologie de la culture et des pratiques culturelles*
325. Jean Copans, *Développement mondial et mutations des sociétés contemporaines*

Série « Préparation aux examens et concours »

277. Claudine Herzlich, *Réussir sa thèse en sciences sociales*

Anne Gotman, sociologue, est directrice de recherche au CNRS – Cerlis (Centre de recherche sur les liens sociaux – UMR 8070)
Alain Blanchet est professeur de psychologie à l'Université Paris 8 Saint-Denis.

ISBN : 978-2-200-3460-5

SOMMAIRE

Préambule 5

Introduction. Genèse de l'entretien dans les sciences sociales 7

La question de l'enquêté contre celle de l'enquêteur : historique d'un échange 7

La démarche clinique : le malade mis à contribution par le biais de sa parole 9

Les grandes enquêtes sociales : de l'interrogatoire à l'écoute des indigents 10

Des Indiens à la ville : l'importation des méthodes anthropologiques à Chicago 12

La sociologie, science de l'entretien 14

1. Les conditions de validité 17

1. Une démarche participative 18

2. La production de discours 20

2.1 Quelle tradition sociologique ? 21

2.2 Les faits de parole 22

3. Principaux domaines d'application 27

3.1 Enquêtes sur les représentations 29

3.2 Enquêtes sur les représentations et les pratiques 30

3.3 Enquêtes sur les pratiques 32

2. La préparation de l'enquête 35

1. L'opportunité du recours à l'enquête par entretien 36

2. Les différents usages de l'enquete par entretien 38

2.1 L'enquête par entretien à usage exploratoire 39

2.2 L'enquête par entretien à usage principal 41

2.3 L'enquête par entretien à usage complémentaire 43

3. La conception de l'enquête 46
3.1 Population et corpus 46
3.2 Les modes d'accès aux interviewés 52
3.3 Le plan d'entretien 58

3. LA RÉALISATION DES ENTRETIENS 65

1. Les paramètres de la situation d'entretien 67
1.1 L'environnement 67
1.2 Le cadre contractuel de la communication 73
1.3 Les modes d'intervention 75

2. L'interaction des discours et des interventions 82
2.1 Les types de discours 82
2.2 Les effets des relances sur les types de discours 83

4. L'ANALYSE DES DISCOURS 89

1. La production du sens 90

2. Différentes analyses de contenu 92
2.1 L'analyse par entretien 94
2.2 L'analyse thématique 96
2.3 L'analyse textuelle par la méthode ALCESTE 100

5. LE COMPTE RENDU D'UNE ENQUÊTE PAR ENTRETIEN 105

1. L'enquêteur comme auteur 106

2. Les interviewés, public de l'enquête 110
2.1 Plausibilité et citations d'extraits d'entretiens 111
2.2 Crédibilité et formes de la citation : texte parlé ou écrit ? 112

CONCLUSION 115

BIBLIOGRAPHIE 117

INDEX DES NOMS PROPRES 125

PRÉAMBULE

L'enquête par entretien constitue aujourd'hui une technique largement pratiquée. Certains affirment même que la sociologie est devenue « la science de l'entretien ». Pourtant, là comme ailleurs, le lien entre savoir et savoir-faire ne va pas de soi. Chacun sait que l'on apprend à conduire des entretiens sur le tas, par la méthode des essais et erreurs, en *pratiquant* un « art » ou un « métier », qui exige de constants questionnements. Ce manuel a donc pour ambition de fournir un cadre et une base à partir desquels les enquêteurs pourront bâtir leur apprentissage, affiner leur savoir-faire, et prendre les libertés nécessaires au travail en situation. Il nous semble en effet que la méthode itérative pratiquée, de fait, par des enquêteurs expérimentés et la souplesse requise par toute situation d'entretien ne peuvent s'enseigner par une sorte de « méthode globale ». Pour naturelle qu'elle paraisse à la longue aux coureurs de fond, la conduite des entretiens est une interaction dûment élaborée et construite à partir d'outils sans lesquels il n'est de progrès, voire de dépassement possibles. Qui sera directement tenté par cet « art » nécessaire à toute enquête de terrain se souviendra que, parvenu dès son plus jeune âge à un prodigieux sommet, Yehudi Menuhin dut, pour poursuivre sa carrière, *apprendre* à manier un archet avec lequel il semblait être né.

On dispose sur la question de deux types de littérature : d'une part, les manuels d'enquête « généralistes » qui, pour répondre aux exigences croissantes d'une professionnalisation diversifiée, traitent des différentes formes d'enquête de façon théorique ; d'autre part, les comptes rendus d'enquête détaillés qui accompagnent, dans la recherche nord-américaine notamment, la professionnalisation de la recherche. Entre ces deux pôles, théorique et empirique, la majeure partie des ouvrages conçus à partir d'enquêtes par entretien n'en évoque que les aspects les plus problématiques ou « héroïques », et n'aborde la question que de manière fragmentaire.

Cet ouvrage se propose, quant à lui, de présenter l'enquête par entretien du début à la fin de sa réalisation, en replaçant la technique dans son environnement pratique. Conçu à partir du double point de vue – celui du théoricien et celui de l'utilisateur – il prend en considération la mécanique de l'entretien et son usage, les ressorts de son fonctionnement et ses résultats pratiques. Des exemples concrets et contrastés de travaux sont présentés chaque fois que nécessaire, en regard de l'exposé des principes, pour faire apparaître la gamme étendue des variations tactiques accueillie par cette méthode.

Il est question dans cet ouvrage d'enquêtes sociologiques, psychologiques, ethnologiques et historiques, dans la mesure où l'entretien s'emploie dans la plupart des disciplines des sciences humaines. Si la référence à ces différents champs disciplinaires permet d'entrevoir la diversité des utilisations possibles de l'enquête par entretien, elle entend aussi souligner que son usage s'inscrit chaque fois dans un cadre conceptuel spécifique.

Le plan adopté suit le déroulement logique de l'enquête : préparation, réalisation, analyse et rédaction, étant entendu que l'interrelation entre ces phases est, dans ce type d'enquête, particulièrement accusée. Les chapitres consacrés à chacune de ces phases sont précédés d'une introduction sur l'historique de l'entretien, et d'un premier chapitre sur les conditions de validité de l'enquête.

INTRODUCTION

GENÈSE DE L'ENTRETIEN DANS LES SCIENCES SOCIALES : PRINCIPAUX REPÈRES

L'entretien, comme technique d'enquête, est né de la nécessité d'établir un rapport suffisamment égalitaire entre l'enquêteur et l'enquêté pour que ce dernier ne se sente pas, comme dans un interrogatoire, contraint de donner des informations. L'entretien qui modifie les rapports entre interviewer et interviewé modifie aussi la nature de l'information produite. D'une information qui constituait une réponse ponctuelle à une question directe de l'enquêteur, on est passé à une réponse-discours obtenue par des interventions indirectes de l'enquêteur.

La question de l'enquêté contre celle de l'enquêteur : historique d'un échange

L'entretien est, à l'origine, un type de rapport social et verbal appartenant au langage diplomatique, à la fois antérieur et externe à la constitution des sciences sociales et de leurs outils méthodologiques, qui désigne une conversation d'égal à égal, entre deux souverains par exemple. Toutefois, on a coutume d'établir l'acte de naissance de l'approche dite « indirecte » à une date plus récente – 1929 – à la Western Electric, où se déroule une enquête d'évaluation d'un style nouveau qui sera rapportée, commentée et théorisée en 1943 par ceux que l'on considère comme les fondateurs de l'entretien de recherche : Roethlisberger et Dickson (1943). Cette enquête, centrée au départ sur les conditions matérielles de la productivité dans l'entreprise, mit alors en évidence, contre toute attente, l'importance des relations interpersonnelles dans la motivation au travail. Forts de ce résultat, désireux à la fois de tester et développer l'idée qui, à l'époque, est nouvelle et lui donner ainsi une fonction opératoire, les enquêteurs décident de poursuivre l'investigation sur les sentiments des ouvriers à l'égard de la maîtrise, afin de réinjecter ces informations dans des sessions de formation. L'enquête, alors, de simple instrument, devient dispositif d'action. Elle s'enrichit de deux étapes supplémentaires : outre la passation du questionnaire (dite approche directe), elle comprend désormais une approche indirecte d'abord avec prise de notes, ensuite avec enregistrement intégral. La mise en place de ce dispositif constitue une étape charnière dans le mode d'interrogation, dans la mesure où on passe progressivement de la recherche des réponses aux questions d'un savoir scientifiquement constitué, à la recherche des questions élaborées par les acteurs sociaux eux-mêmes. Les enquêteurs ont en effet observé d'abord que les ouvriers souhaitaient parler de questions sans rapport avec les questions posées, et pris acte de la non-pertinence des questions préconstruites ; ensuite, qu'il était impossible d'interpréter les réponses en l'absence de tout contexte discursif, d'où l'absence de sens des réponses obtenues par voie de questionnaire. Les propres questions de l'enquêté deviennent alors le véritable objet de recherche. Resituées dans les informations contextuelles indispensables à leur interprétation, elles donnent accès aux conceptions personnelles des interviewés (Blanchet *et al.*, 1985).

Quant à l'orientation non directive à proprement parler, c'est une notion empruntée au vocabulaire de la psychosociologie, formulée elle aussi dans les années 1940 par Carl Rogers (1945), psychothérapeute, appliquée d'abord à des entretiens cliniques puis, en un second temps, par extension, à des entretiens de recherche.

Si l'acte de naissance de l'entretien de recherche est récent et aisément repérable, sa filiation est cependant à la fois plus ancienne et plus complexe. En effet, ce qui a présidé à la transformation du protocole d'enquête, ce qui a permis d'échanger la question de l'enquêteur avec la question de l'enquêté, c'est un changement plus général survenu dans les manières d'interroger les populations (à l'époque, les indigents et les indigènes), et l'émergence d'une nouvelle figure observationnelle de l'Homme. Aux « relations » rédigées sur les nations et les peuples indigènes par les voyageurs, les marchands, les explorateurs et les clercs, les Lumières substituèrent des guides d'observation et des instructions scientifiques plus méthodiques, qui non seulement déclinaient ce qui était à observer, mais instruisaient déjà le regard de l'observateur. « Tester un peuple par un autre » : cette recommandation de méthode formulée en 1838 fait de l'échange des regards le sens et la science même de l'observation[1]. Le passage du questionnaire à l'entretien est ainsi non seulement lié au fait que l'enquête sociale s'est elle-même dégagée de l'interrogatoire, mais il s'inscrit également à la fois dans la transformation du regard anthropologique sur les sociétés lointaines, et dans les mutations de l'attitude thérapeutique par rapport à la maladie mentale.

La démarche clinique : le malade mis à contribution par le biais de sa parole

Jean Piaget (1926) montre comment la méthode clinique peut s'imposer comme seule approche possible d'un problème donné[2]. Il se propose d'étudier quelles sont les représentations du monde que se donnent spontanément les enfants au cours des différents stades de leur développement intellectuel. La première façon d'opérer, dit-il, consiste à soumettre les enfants à un questionnaire standardisé. Mais cette technique a deux inconvénients : le premier est de ne pas pouvoir analyser les résultats obtenus faute d'avoir accès au contexte de l'énonciation ; le second, encore plus essentiel, concerne les caractéristiques du problème étudié. Si l'on pose directement à l'enfant une question, telle que « Qu'cst-ce qui fait avancer le soleil ? », celui-ci répond « C'est le Bon Dieu » ou « C'est le vent », etc. On déclenche ainsi une fabulation mais, en outre, on suggère d'emblée l'idée qu'une œuvre extérieure conditionne les mouvements du soleil. « L'art du clinicien consiste, non à faire répondre, mais à

1. « To test one people by another ». *Cf.* H. Martineau (1838), *How to Observe Morals and Manners. With an introduction, appendices and index*, by M. R. Hill, New Brunswick & Londres, Transaction Publishers, 1995.

2. J. Piaget, *La Représentation du monde chez l'enfant*, 1926, rééd., Paris, PUF, 1976. Piaget emploie le terme de « méthode clinique », en reprenant une technique utilisée en psychopathologie qui consiste à diagnostiquer l'état d'un patient à partir des différents signes révélés par son discours.

faire parler librement et à découvrir les tendances spontanées au lieu de les canaliser et de les endiguer. » (p. IX)

C'est l'étude des questions spontanées des enfants qui révèle leur intérêt pour différentes choses aux différents âges et permet de découvrir des représentations inattendues. Lorsqu'un enfant demande « Qui fait le soleil ? », il énonce une conception d'un soleil dû à une activité fabricatrice. Ce renversement méthodologique du couple question-réponse est à la base de l'observation clinique et fonde les principes du fonctionnement interlocutoire de l'entretien.

C'est également à la participation du malade qu'en appelle Freud lorsqu'il réfute la méthode cathartique[1]. L'abandon de la méthode cathartique directive et inductrice, la mise en place d'une technique où le patient dispose des moyens d'analyse de sa propre parole constituent une révolution épistémologique qui a renouvelé d'une manière radicale les dispositifs d'observation classiques de la psychopathologie.

Énonçant la même position fondamentale, Rogers (1945) soutient que toute thérapie est incompatible avec une quelconque autorité. Le point de vue non directif confère pour Rogers une haute valeur à l'indépendance psychologique de chaque individu et au maintien de son intégrité psychique, alors que le point de vue directif s'inscrit dans les valeurs du conformisme social et du droit du « plus capable » à diriger le « moins capable ». La profession de foi de la non-directivité est ainsi une philosophie sociale et politique autant qu'une technique de thérapie et s'associe, comme telle, avec les thèmes de liberté et de démocratie, et leurs illusions, utopies et rêves de modifier les relations entre les hommes.

Les grandes enquêtes sociales : de l'interrogatoire à l'écoute des indigents

C'est également dans l'enquête sociale que s'élabore une nouvelle conception de l'investigation. À une époque où philanthropie et science sociale ne sont guère encore différenciées, l'enquête sociale est pratiquée

1. Méthode psychothérapeutique où le thérapeute cherche à obtenir la guérison du malade par la suggestion. *Cf.* S. Freud, *Études sur l'hystérie*, 1885, trad. Paris, PUF, 1956.

par des médecins, des « ingénieurs sociaux », des fonctionnaires, des prêtres, tous situés à la charnière entre les classes dominantes et dominées. L'enquête a pour sujet exclusif la condition morale et matérielle des pauvres, et pour arrière-plan une hiérarchie des savoirs solidement établie. Le dispositif est celui de l'interrogatoire, et le protocole celui de la « visite » (Leclerc, 1979). L'observateur social qui, le cas échéant, se fait accompagner du commissaire de police, soumet alors les familles visitées à une série de questions sur les thèmes qui préoccupent les autorités dont il est en quelque sorte le représentant, sinon en réalité, en tout cas dans l'esprit des enquêtés. Il jouit d'une position d'autorité, détient seul la liste des questions et n'attend de son « terrain » que des réponses. Toutefois, dans la pratique, certains d'entre eux soulignent l'intérêt qu'il peut y avoir non seulement à enregistrer scrupuleusement les faits, mais à gagner la confiance de la famille, et ainsi à accéder à des renseignements que l'enquêteur trop « méthodique » et trop attaché à son questionnaire risquerait de laisser échapper. L'intérêt qu'il y a, en somme, à laisser parler et à écouter son interlocuteur. Tout en recommandant à l'enquêteur de suivre l'ordre des questions telles qu'elles sont consignées dans le questionnaire, Le Play prescrit ainsi une certaine souplesse : ne pas interrompre l'ouvrier même s'il paraît s'éloigner du sujet (ses dires peuvent renfermer des renseignements intéressants) ; ne pas le lasser par une surcharge de questions et lui rappeler ainsi ce qu'il est en train de subir. Pour le bon déroulement de l'enquête sur les « ouvriers européens », il affirme déjà : « Mieux vaut écouter qu'interroger ». Nous sommes en 1862[1].

Sous-jacente à l'observation de Le Play, la réticence des pauvres à subir l'interrogatoire et à livrer une information qui ne pouvait leur être soustraite que parce qu'ils étaient précisément sans qualité, contribuera à faire évoluer l'enquête sociale vers une forme moins autoritaire de questionnement qui intègre désormais le consentement de l'enquêté et une participation plus active à la production des informations. Il s'agit d'amener l'enquêté à coopérer.

1. F. Le Play (1862), « Instruction sur la méthode d'observation dite des monographies de famille », propre à l'ouvrage intitulé *Les Ouvriers européens*, Paris.

Des Indiens à la ville : l'importation des méthodes anthropologiques à Chicago

Tandis qu'en se dégageant progressivement de l'enquête sociale, l'enquête sociologique affine ses outils d'investigation, elle emprunte aussi à l'anthropologie son modèle d'enquête. Inspiré par la célèbre enquête de Charles Booth sur les pauvres de Londres[1], Du Bois réalise, en 1899, la première étude systématique de communauté urbaine, intitulée *The Philadelphia Negro*[2]. Son but : donner une image aussi complète que possible de la vie des Noirs à Philadelphie. Ses instruments : l'étude statistique et documentaire, l'enquête directe sur le terrain, l'observation participante (l'auteur habite en plein cœur du quartier noir). Du Bois note déjà, au passage, le caractère perturbateur des convictions personnelles de l'enquêteur, aussi *cold-blooded*[3] soit-il.

Toutefois l'enquête de terrain sous cette forme mixte ne connaîtra sa véritable consécration qu'une vingtaine d'années plus tard, à Chicago, sous la double impulsion de Park et de Thomas. Le terrain, pour ce qui deviendra l'École de Chicago, a une triple fonction : il est à la fois rite initiatique, exercice de déniaisement social et épreuve de ressourcement périodique. Tandis que Park souligne le parallèle entre journalisme et sociologie, Thomas cherche à sortir le sociologue de son bureau.

Dès 1916, Park note dans son article programmatique que « les mêmes méthodes d'observation patiente que les anthropologues comme Boas et Lowie ont mises en œuvre pour étudier la vie et la manière d'être des Indiens d'Amérique du Nord peuvent s'appliquer de façon encore plus fructueuse à l'étude des coutumes, des croyances, des pratiques sociales et des conceptions générales de la vie qui règnent dans le quartier de Little Italy ou dans le bas quartier du North Side de Chicago, ou encore pour

1. Booth, *Life and Labour of the People of London*, 17 vol. Londres, Macmillan, 1902. L'enquête est réalisée de 1889 à 1891.
2. Du Bois, *The Philadelphia Negro. A Social Study*, rééd. New York, Schoken Books, 1967.
3. Mot à mot : de sang-froid. R. Park, mettant à profit son expérience de journaliste, insistera sur l'attitude détachée nécessaire à la conduite de l'entretien. On verra toutefois au chapitre III que la caractérisation de l'attitude ne suffit pas à définir le cadre interlocutoire de l'entretien.

relater les mœurs plus sophistiquées des habitants de Greenwich Village ou du quartier de Washington Square » (Simon, 1991). De fait, la fameuse batterie méthodologique de la première génération de l'École de Chicago combinera diverses techniques de collectes : le dépouillement de données statistiques, d'archives, de journaux et de documents locaux, et l'enquête directe sur le terrain avec observation participante, interviews et recueils d'histoires de vie, directement inspirée des méthodes d'approche des anthropologues.

L'École de Chicago, dont les études principales portent sur les faits et gestes de la vie ordinaire, les manières d'être et les modes de vie, prône l'observation des phénomènes sociaux dans leur cadre naturel. Il ne s'agit plus seulement de questionner autrement pour obtenir le consentement d'une population soumise au droit de savoir des autorités[1], mais d'appliquer une technique conçue en ethnographie pour approcher des individus en contact entre eux et avec les autres, dans la diversité réelle de leurs liens effectifs, dans leur contexte social, et non pas comme individus isolés (ce qui est le cas lorsqu'ils sont approchés statistiquement, *cf.* Hannerz, 1983). Enclaves ethniques, bandes de délinquants, quartiers socialement mélangés sont définis comme des terrains, territoires à la fois sociaux et spatiaux (Grafmeyer et Joseph, 1979). *The Hobo, The Taxi-Dance Hall, The Gang, The Ghetto, The Gold Coast and the Slum*, pour ne citer que les plus célèbres de ces enquêtes, n'utilisent cependant l'entretien que comme technique associée à d'autres formes d'observation vivantes et documentaires. De même, le récit de vie introduit par Thomas et Znaniecki dans *Le Paysan polonais en Europe et en Amérique* (publié en 1918-1920), auteur qui prône lui aussi une sociologie proche, *de l'intérieur* du milieu étudié, et qui postule que les représentations subjectives de situations sont un élément d'étude aussi réel que les faits objectifs eux-mêmes, use de tous les moyens à sa disposition : contacts avec la communauté polonaise, connaissance de la langue, consultations d'archives, de documents administratifs et associatifs, de documents personnels – lettres échangées par les

1. On en trouvera la bibliographie détaillée dans l'ouvrage de Hannerz.

membres des familles polonaises émigrées, autobiographie de Wladek, Wisniewski émigré polonais dont il deviendra en quelque sorte le porte-parole.

Toutefois, l'entretien ne s'impose guère au-delà de l'École de Chicago. Les méthodes quantitatives se perfectionnent et occupent largement le terrain, le terme « *interview* » désignant alors le plus souvent, dans la littérature nord-américaine, un questionnaire administré essentiellement composé de questions fermées, éventuellement complétées par quelques questions ouvertes. L'usage est à la standardisation, à l'élimination des « biais » impliqués par la situation de face-à-face, parasites subjectifs d'une méthode que l'on voudrait modeler sur l'extraction de données utilisée dans les sciences physiques. L'objectif de ces enquêtes est de faire fonctionner un minimum de variations dans un vaste ensemble de significations partagées (Hughes, 1996). L'entretien n'obtiendra en fait sa véritable légitimité que dans les années cinquante, sous l'impulsion d'une nouvelle génération de sociologues de Chicago, qui opère un renversement complet de perspective.

La sociologie, science de l'entretien

Il revient en effet à Howard Becker et à Everett Hughes d'avoir donné à l'entretien une centralité fondée sur des prémisses entièrement dégagées du modèle de standardisation et d'objectivation qui contribuait à le déclasser. La perspective proposée par Becker, Hughes et leurs épigones rompt avec l'obsession de conformité à un modèle supposé de l'enquête dans les sciences de la nature (Chapoulie, 2000). Hughes soutient que le travail de terrain n'est pas simplement une méthode parmi d'autres, mais que la sociologie est devenue la science de l'entretien, d'abord parce qu'il est devenu l'instrument de recherche préféré de nombre de sociologues et plus fondamentalement parce que, la sociologie ayant l'interaction et la conversation comme forme de rhétorique sociale pour objet, l'entretien fait partie de cet objet (Hughes, 1996). Sous ses différentes formes, scientifique, journalistique et médiatique, l'entretien est entré dans la culture populaire ; à travers lui, la société parle et se parle. Un nombre croissant d'interviewés potentiels est d'ores et déjà préparé, dans le monde occidental, au rôle de répondant, que ce soit à l'école, au travail ou par les mass medias. La perception des rôles sociaux endossés par chacun des protagonistes de l'entretien ne biaise pas le processus de connaissance mais l'informe.

L'entretien se trouve par ailleurs en congruence avec l'essor de la « *grounded theory* » selon laquelle la théorie se génère et se développe à travers le processus même de collecte des données[1]. Le raisonnement inductif qui réduit l'écart entre la démarche théorique et la démarche empirique, trouve parfaitement à s'accomplir (quoique, là encore, pas exclusivement) dans la campagne d'entretiens soigneusement menée qui conjugue recueil d'information et travail d'analyse. Différents courants intellectuels, ethnométhodologie, féminisme, constructivisme, post-modernisme…, renforcent la focalisation, les uns, sur la dimension intersubjective de l'entretien, les autres, sur les jeux de rôle qui le structurent et lui donnent sa substance sociologique. L'idée n'est plus de neutraliser ni de taire les représentations réciproques des interlocuteurs mais de les utiliser dans la conduite de l'entretien et d'en faire le cœur de l'analyse.

De la neutralité affectée adoptée dans les entretiens standardisés à l'entretien conversationnel cultivé par une sociologie résolument auto-réflexive, l'histoire de l'entretien, on le voit, est logée à la même enseigne que l'histoire des rapports sociaux et du langage que la société se donne pour se penser.

Ce rappel historique indique en filigrane ce qui fonde l'entretien, à savoir la production d'une parole sociale qui n'est pas simplement description et reproduction de ce qui est, mais communication sur le devoir-être des choses et moyen d'échanges entre individus (Raymond, 1984). Il signale également la spécificité de l'entretien, à savoir la production d'un discours *in situ*. C'est en cela qu'il est une situation sociale de rencontre et d'échange et non pas un simple prélèvement d'information.

1. B. Glaser & A. Strauss, *The discovery of grounded theory : Strategies for qualitative research*, Chicago, Aldine, 1967.

LES CONDITIONS DE VALIDITÉ

Quand on pose une question,
on n'obtient qu'une réponse.

La caractéristique principale de l'entretien est qu'il constitue un fait de parole. « Un entretien, d'après Labov et Fanshel (1977), est un *speech event* (événement de parole) dans lequel une personne A obtient une information d'une personne B, information qui était contenue dans la biographie de B. » Le terme biographie souligne le caractère vécu de l'information recueillie, par opposition à une information recueillie en direct sur un événement, au moment même de l'événement, et qui serait restituée sans avoir été préalablement assimilée et subjectivée. Mais la subjectivité de l'information produite par le biais de l'entretien, qui en constitue une propriété centrale, ne suffit encore pas à le différencier par exemple du questionnaire d'enquête, de l'interrogatoire de police, de la conversation ou de la cure psychanalytique qui, tous, font appel à de l'information biographique.

L'entretien de recherche se définit donc en second lieu par rapport à l'activité même de la recherche, en ce sens qu'il est produit à l'initiative de A (le chercheur) et au profit de sa communauté, se distinguant en cela de l'entretien thérapeutique, de la confession ou de la plainte de police, tous faits de parole sollicités par B et à son bénéfice. Son voisin le plus proche à cet égard, est l'interrogatoire de police, qui diffère seulement par le domaine d'activité du bénéficiaire.

Conçu pour apporter une information biographique, à la demande de A et au bénéfice de la recherche (et de son représentant B), l'entretien de recherche se caractérise enfin par opposition au questionnaire dans la mesure où, visant la production d'un discours linéaire sur un thème donné, il implique que l'on s'abstienne de poser des questions prérédigées. Ce en quoi il est exploration.

1. Une démarche participative

L'enquête par entretien est une technique qui s'impose lorsqu'on veut aborder certaines questions, et une démarche qui soumet le questionnement à la rencontre, au lieu de le fixer d'avance. De cette flexibilité de l'outil vient que les auteurs qui y ont recours déclarent ne pas se conformer aux règles de l'art, tout au moins à un idéal que Frémontier par exemple se félicite de ne pas atteindre :

> « J'ai essayé de poser le moins de questions possible. De laisser dériver lentement le monologue vers les fantasmes, ou les souvenirs, ou la colère… Mais, parce que je m'affolais parfois – non sans ignorance ou maladresse – craignant que la confession s'égarât si longtemps dans des histoires de chiens et de chats, ou qu'elle se butât dans le silence, je me raccrochais, dans des moments les plus angoissants, à ma sacro-sainte grille : le prototype de l'interview idéale que, grâce au Ciel, je ne réaliserai jamais » (Frémontier, 1980, p. 12).

On lira également avec intérêt les entretiens de Jacques Coenen-Huther avec d'anciens compagnons d'hôpital, dans un cadre encore plus libre, car réalisés en dehors de tout programme de recherche par un professionnel qui se saisit d'une occasion inopinée de découverte d'un milieu situé hors des filières d'accès classiques. La forme très libre des entretiens réalisés par Coenen-Huther n'était pas voulue au départ, mais découlait plus ou moins des circonstances. Désireux de centrer son exploration sur les formes de sociabilité (relations d'amitié et de voisinage) au moyen d'entretiens semi-directifs, l'enquêteur dut rapidement admettre que ses interlocuteurs avaient peu de goût pour « les échanges de vue trop systématiques » (Coenen-Huther, 2001, p. 33), et se conformer au mode de conversation impromptue qu'ils pratiquaient habituellement. Cette liberté (imposée par les répondants) est certainement, dans la gamme des entretiens directifs, semi-directifs et libres, l'exercice le plus difficile dans la mesure où il demande à l'enquêteur de « se placer mentalement dans un contexte de découverte », et de prendre du champ par rapport au monde relativement clos des sociologies institutionnalisées qui se confondent « de plus en plus avec les cercles universitaires ». Ainsi, la vie d'un homme issu du monde paysan, transplanté en ville essentiellement pour des raisons de santé, menant une existence médiocre de « vagabond plus ou moins apprivoisé » que seul « un minimum d'aide sociale préserve de la clochardisation complète » (*ibid.*, p. 114) s'accommode mal des cheminements discursifs et des catégories académiques de représentation du monde social. Elle offre, en revanche, à l'enquêteur l'opportunité de rebondir sur des bouts d'anecdotes (petits trafics, relations sexuelles...) dont l'intérêt peut se révéler majeur pour la compréhension de l'univers social auquel appartient l'interviewé. Enfin, ces thèmes qui peuvent être évoqués plus spontanément par les marginaux mais également explorés plus facilement avec eux, révèlent en creux les silences sociaux convenus, maintenus avec des interlocuteurs de milieux sociaux plus proches.

De même qu'elle est variable, en tant que rapport social, d'une campagne d'entretiens à l'autre, l'activité d'enquête est variable d'un entretien à l'autre, en tant que rapport interpersonnel. C'est en effet l'interaction interviewer/interviewé qui va décider du déroulement de l'entretien. C'est en ce sens que l'entretien est rencontre. S'entretenir avec quelqu'un est, davantage encore que questionner, une expérience, un événement singulier, que l'on peut maîtriser, coder, standardiser, professionnaliser, gérer, refroidir à souhait, mais qui comporte toujours un certain nombre d'inconnues (et donc de risques) inhérentes au fait qu'il s'agit d'un processus interlocutoire, et non pas simplement d'un prélèvement d'information.

L'entretien, comme l'*habitus*[1], est en quelque sorte une « improvisation réglée » (Bourdieu, 1980). Une improvisation, parce que chaque entretien est une situation singulière susceptible de produire des effets de connaissance particuliers ; réglée car, pour produire ces effets de connaissance, l'entretien demande un certain nombre d'ajustements qui constituent à proprement parler la technique de l'entretien.

L'entretien est un parcours. Alors que le questionneur avance sur un terrain entièrement balisé, l'interviewer dresse la carte au fur et à mesure de ses déplacements. L'entretien ne pouvant donc se réduire ni à une pure manipulation technique, ni à une rencontre comme une autre, faire des entretiens comme on ferait un questionnaire, sans intégrer la situation

1. L'*habitus* caractérise l'ensemble des usages et des façons de faire d'un groupe social donné.

d'interaction, conduirait le chercheur à manquer son but. Symétriquement, faire des entretiens de manière spontanée en méconnaissant ses règles de fonctionnement l'exposerait à un risque – tout aussi réel bien que moins visible : à savoir manquer le but.

La présence de cette interaction et sa portée heuristique, ou productive, est ce qui constitue l'originalité même de l'entretien dans les sciences sociales. De ce point de vue, l'entretien s'est toujours défini par opposition au questionnaire. Dès l'origine, c'est-à-dire dans les premières enquêtes sociales, l'écoute de l'autre est venue s'ajouter à l'interrogation pure. Puis, au fur et à mesure de l'évolution de l'enquête sociale vers l'enquête sociologique, l'écoute, d'attitude sociale est devenue technique sociologique : il s'est agi alors non seulement d'écouter les enquêtés sur les sujets qui leur étaient proposés, mais de les faire parler librement sur le thème donné. En même temps que s'amorçait un rapprochement social avec les enquêtés, se créait une distance sociologique liée à la transformation du statut de l'enquêteur, devenu professionnel et indépendant. Cette distance n'a toutefois été véritablement posée et explicitée que plus tard, par Rogers, qui transposa l'entretien non directif du domaine thérapeutique à celui de la recherche, et donna à cette curieuse posture de l'enquêteur, à la fois proche et distant, le nom de neutralité bienveillante. C'est aujourd'hui l'étude des interactions verbales qui a pris le relais, et c'est à partir de ses développements actuels que l'entretien y apparaît comme un dispositif plus équilibré où l'interviewer, également interrogé par l'interviewé, quitte son impassibilité d'entomologiste pour opérer lui aussi à visage plus découvert.

Mais avant de voir les implications de cette « coproduction » du discours de l'entretien par l'interviewer et l'interviewé (chapitre 3), on se demandera quel type de discours vise à produire l'entretien et sur quoi.

2. La production de discours

Plus encore que le questionnaire direct, qui part de questions formulées par le chercheur, l'entretien, qui va à la recherche des questions des acteurs eux-mêmes, fait appel au point de vue de l'acteur et donne à son expérience vécue, à sa logique, à sa rationalité, une place de premier plan.

2.1 Quelle tradition sociologique ?

Cette conception va, à bien des égards, totalement à l'encontre de la méthode sociologique telle que la concevait Durkheim qui, pour étudier le suicide par exemple, se fit une règle de ne faire appel en aucune façon aux renseignements des suicidographes[1]. Ceux-ci, « aussi douteux que faiblement instructifs », ne reflétaient que leurs propres opinions et les motifs des suicidants, et ne pouvaient par conséquent atteindre véritablement les causes du phénomène. Ces motifs recueillis par les agents de renseignements (revers de fortune, chagrins de famille, amours contrariés, souffrances physiques et mentales, etc.) ne sont, selon Durkheim, que les causes apparentes des phénomènes, les répercussions individuelles d'un état général qui « marquent les points faibles d'un individu, ceux par où le courant qui vient du dehors[2] l'incite à se détruire, s'insinue le plus facilement en lui » (Durkheim, 1897, p. 147-148 de l'éd. 1990).

Les raisons de l'acteur sont ainsi disqualifiées, sur le plan de la connaissance, lorsqu'on se donne comme projet d'analyser la composition de l'air du temps et non ses qualités sensibles. Les manifestations privées des faits sociaux ont quelque chose de social mais dépendent alors, toujours selon Durkheim, « de la constitution organicopsychique de l'individu, des circonstances particulières dans lesquelles il est placé ». Elles ne sont donc pas des phénomènes proprement sociologiques. « Elles tiennent à la fois aux deux règnes ; on pourrait les appeler socio-psychiques » (Durkheim, 1901, p. 10 de l'éd. 1990). Dans cette perspective, la quête des répercussions individuelles des faits sociaux appartient au domaine de ce qui deviendra la psychosociologie, objet mixte, à la fois psychologique et sociologique.

L'enquête par entretien peut également s'inscrire dans une autre tradition sociologique, celle de la sociologie compréhensive de Weber dont l'objet spécifique est l'activité, définie comme « un comportement compréhensible » (Weber, 1965, p. 329-330) par le sens que lui attachent les acteurs, sens à

1. Terme par lequel Durkheim désigne les auteurs étudiant le suicide.
2. Courant du dehors, ou mode, qui règle, à l'insu des acteurs les choix les plus personnels et pourtant les plus socialisés comme le choix des prénoms (de Singly, 1991).

la fois subjectif et intersubjectif. Toutefois, en mettant l'accent sur la nécessité d'interroger le sens que donnent les individus et les groupes à leurs actions, Weber, contrairement à Durkheim, n'en appelle aucunement à l'instance psychologique. « Expliquer une activité de ce genre ne saurait jamais signifier qu'on la fait dériver de « conditions psychiques », mais qu'au contraire on la fait découler des expectations et exclusivement des expectations qu'on a nourries subjectivement à propos du comportement des objets (rationalité subjective par finalité) et qu'on était en droit de nourrir sur la base d'expériences valables (rationalité objective de justesse) » (Weber, 1965, p. 334). La subjectivité dont parle Weber ne vise pas l'essence singulière de l'individu, mais l'acteur dans les contraintes de la situation et en interaction avec autrui. L'explication weberienne est donc essentiellement la mise en évidence de la rationalité des comportements et non leur trame psychique. Elle substitue le « comment » au « pourquoi ».

Ce que Durkheim, dans son schéma positiviste, appelle « répercussions individuelles » (et abandonne à la psychosociologie), ce que Weber désigne par « activité » (et constitue en objet privilégié de la sociologie), sont autant de préfigurations de ce qu'aujourd'hui on rassemble sous le terme de « vécu », et qui représente en effet un objet d'élection de l'enquête par entretiens[1]. L'exploration du vécu suppose le recueil de discours qui mettent en lumière les pensées des acteurs concernant leurs comportements sociaux et leurs états mentaux.

2.2 Les faits de parole

En tant que processus interlocutoire, l'entretien est un instrument d'investigation spécifique, qui aide donc à mettre en évidence des faits particuliers.

1. Si Weber déjà au début du siècle, stigmatise la chasse à l'expérience vécue, objet à la mode dans la société bureaucratique, déplore son hypertrophie et s'interroge sur le sens de cette prise de conscience croissante du vécu (perte du sentiment de la distance et de la dignité, déclin de la capacité de se montrer à la hauteur de sa tâche quotidienne) (Weber, 1965, p. 445), il l'attribue à une amélioration croissante des possibilités d'expression et de communication. Celle-ci résulte de la rationalisation et de l'intellectualisation croissantes dans tous les domaines de la vie. Elle est donc bien de son temps et de notre société.

L'enquête par entretien est l'instrument privilégié de l'exploration des faits dont la parole est le vecteur principal, cette conversation par laquelle la société parle et se parle. Ces faits concernent les systèmes de représentations (pensées construites) et les pratiques sociales (faits expérimentés).

Les pensées construites

L'un des objets sociologiques privilégiés de l'enquête par entretien est ce que l'on peut rassembler sous le terme d'idéologies, aux sens que lui donnent Adorno, à savoir « une organisation d'opinions, d'attitudes et de valeurs, une façon d'envisager l'homme et la société » (Adorno *et al.*, 1950, p. 2), ou Raymond, pour qui l'idéologie est « un ensemble organisé de représentations », « une certaine vision du monde », « un cadre de références » (Raymond et Haumont, 2001). Augé, lui, dans une perspective plus anthropologique, préfère utiliser les termes de « cosmologies » et de « mythologies » pour désigner des représentations de plus en plus individuelles (Augé, 1989, p. 182).

L'idéologie comme ensemble organisé de représentations peut, en premier lieu, s'inscrire dans une perspective anthropologique et désigner cette activité sociale inhérente à la vie en société qui consiste à se fabriquer une image, une représentation de ce qu'elle est. C'est, d'après François Laplantine, la rencontre d'une expérience individuelle et de modèles sociaux dans un mode d'appréhension particulier du réel : celui de « l'image-croyance ». Contrairement au concept et à la théorie qui en est la rationalisation seconde, cette image-croyance a toujours une tonalité affective et une charge irrationnelle. C'est un savoir que les individus d'une société donnée ou d'un groupe social élaborent au sujet d'un segment de leur existence ou de toute leur existence. C'est une interprétation qui s'organise en relation étroite au social et qui devient, pour ceux qui y adhèrent, la vérité elle-même ; une vérité en acte. D'autre part, le propre d'une représentation est de ne jamais se penser comme telle, et d'occulter les distorsions et les déformations qu'elle véhicule inéluctablement. De sorte que le savoir idéologique n'est pas seulement tenu pour vrai, mais est également censé dire le bon et le mauvais, le bien et le mal (Laplantine, 1989, p. 278). La représentation peut ainsi être considérée comme appartenant au réel, et non pas comme son reflet.

L'idéologie comme ensemble de valeurs peut également renvoyer à une définition plus politique selon laquelle ces représentations orientent et dirigent l'activité dans le sens du maintien de l'ordre existant (Wirth, 1936). Mais, plutôt que d'envisager l'activité idéologique comme la production de groupes dominants en vue d'assurer le maintien de leur position, et consommée telle que par les groupes dominés – auquel cas, l'interrogation sur les idées des usagers ne saisit rien d'autre que le reflet pâli, affadi, dénaturé, d'une idéologie accessible dans de meilleures conditions à travers les divers textes et déclarations de la classe gouvernante – on peut la considérer comme une production de l'ensemble des groupes sociaux qui permet à chacun de rétablir la cohérence de son espace de vie. La propension idéologique est en effet, selon l'expression de Veyne, un « hommage que les intérêts les plus différents rendent à l'Idée du Bien » (Veyne, 1976, p. 671).

L'activité idéologique, qui sert toujours à justifier ce qui est, et convertit ce qui est en devoir-être, consiste ainsi non seulement à ordonner le monde et à conforter sa structure, mais à le rendre propre à vivre. Elle n'est pas uniquement déguisement des rapports de domination mais construction d'une raison. Elle aide à vivre. Dès lors que l'idéologie n'est pas seulement un habillage imposé de l'extérieur, mais une construction d'idées appropriées faisant système, le recours à l'entretien prend tout son sens, dans la mesure où il aurait permis, pour reprendre l'exemple de la Rome antique étudiée par Veyne, de rendre compte d'une chose comme l'amour du peuple pour son souverain, sans pour autant le confondre avec le cérémonial monarchique visant à magnifier la bonté du roi.

L'enquête par entretien est ainsi particulièrement pertinente lorsque l'on veut analyser le sens que les acteurs donnent à leurs pratiques, aux événements dont ils ont pu être les témoins actifs ; lorsque l'on veut mettre en évidence les systèmes de valeurs et les repères normatifs à partir desquels ils s'orientent et se déterminent. Elle aura pour spécificité de rapporter les idées à l'expérience du sujet. Elle donne accès à des idées incarnées, et non pas préfabriquées, à ce qui constitue les idées en croyance et qui, pour cette raison, sera doté d'une certaine stabilité.

Les faits expérimentés

La valeur heuristique de l'entretien tient donc à ce qu'il saisit la représentation articulée à son contexte expérienciel et l'inscrit dans un réseau de signification. Il ne s'agit pas alors seulement de faire décrire, mais de faire parler sur.

> « Il appartient au sociologue [...] de traduire perpétuellement les épreuves personnelles en enjeux collectifs, et de donner aux enjeux collectifs leur riche dimension humaine »
>
> (Mills, 1978, p. 198).

Cette citation illustre le sens que peut avoir la collecte des faits expérimentés, articulation entre l'épreuve personnelle concrète, pratique, singulière, située dans le temps et l'espace social, et les enjeux collectifs dans lesquels ils peuvent se comprendre et doivent être interprétés. Saisir la traduction personnelle des faits sociaux que l'on veut interroger, c'est chercher le texte conjoint des épreuves et des enjeux tels qu'ils sont reliés dans la pratique, restituer le déroulement de la vie sociale dans son espace naturel d'effectuation, à partir des catégories propres de l'acteur.

L'expérience peut être relative à des faits plus ou moins matérialisés, plus ou moins institutionnalisés, plus ou moins ponctuels ou au contraire extensifs. Ce peut être une vie entière (la biographie, l'histoire de vie comme expérience de l'histoire), une période de vie (l'entrée dans la vie conjugale comme expérience du mariage) ou une trajectoire sociale (reconstitution d'une carrière professionnelle ou d'un parcours résidentiel), un savoir-faire précis (le travail comme expérience du monde du bureau ou de l'usine, la langue comme expérience de l'appartenance sociale), un savoir plus diffus (l'expérience de la maladie ou les référentiels de l'action publique), un problème plus ponctuel (l'utilisation d'un système d'aide, l'appropriation d'une innovation technique), une habitude (la régulation des tâches domestiques entre conjoints), les processus d'apprentissage et la reconstitution de processus d'action (formalisation des tâches), le fonctionnement et l'organisation psychique (recherches clinique et diagnostique).

Le statut de la parole

On a pu caractériser le discours recueilli par entretien par une certaine « profondeur » atteignant le niveau sinon inconscient en tout cas latent, et justifiant que l'interviewer se trouve en présence d'un système de défense qu'il est de sa compétence de circonvenir. Si, en effet, l'entretien se présente pour l'interviewé comme une succession de dévoilements risqués, voire menaçants, et si l'interviewer se voit amené à entraîner son interlocuteur dans des zones mal défendues c'est, croyons-nous, davantage pour des raisons sociologiques que psychologiques ou psychanalytiques. Les résistances produites dans le cours de l'entretien de recherche sont avant tout liées à deux séries de facteurs : le processus d'objectivation à l'œuvre dans l'interlocution et la régionalisation des représentations.

L'objectivation renvoie au fait que, lorsqu'il parle, l'interviewé ne livre pas un discours déjà constitué mais le construit en parlant, opérant ainsi une transformation de son expérience cognitive, passant du registre procédural (savoir-faire) au registre déclaratif (savoir-dire). Car les faits « existent en tant que réalité vécue, mais ils sont fabriqués au cours des processus d'interrogation, d'observation et d'expérience » (Rabinow, 1988, p. 137). Explicitant ce qui n'était encore qu'implicite, s'expliquant sur ce qui jusqu'ici allait de soi, extériorisant ce qui était intériorisé, l'interviewé passe de l'insu au dit et s'expose, au double sens du terme, se posant à la fois hors de lui-même et en vis-à-vis. Il peut vouloir reculer autant devant la nouveauté de ses propos que devant leur incongruité.

La régionalisation des représentations évoque, en écho à la régionalisation des comportements définie par Goffman (1973), le fait que toutes les représentations ne sont pas formulables n'importe où ni en n'importe quelles circonstances, mais qu'elles sont structurées en régions plus ou moins étanches et hiérarchisées. Il peut dès lors devenir déplacé, inconvenant et gênant de parler de la chambre à coucher, symbole de l'intimité, à un interviewer étranger ; ou il peut être dévalorisant d'évoquer des raisons familiales pour rendre compte d'un changement de carrière, quand les raisons professionnelles dans ce domaine sont censées prévaloir.

Pour ces deux séries de raisons, les résistances manifestées par l'interviewé au cours d'un entretien de recherche relèvent donc moins d'une théorie psychanalytique de la prise de conscience que d'une conception du discours social en acte – et non pas préexistant à l'énonciation (réifié) – et d'une conception de l'idéologie agencée en régions distinctes qui bloque le passage d'une région à l'autre. Elles sont davantage liées au désir de ne pas perdre la face (à la fois parce que l'interviewé avance dans l'inconnu, et parce qu'il est amené à produire un discours sur une scène non conventionnelle) qu'à un processus de refoulement psychique.

3. Principaux domaines d'application

Les domaines d'application de l'enquête par entretien sont multiples : peuvent être approchés par ce moyen ce qui est relatif à la vie intérieure de l'individu et aux communications entre individus, le mode de vie des petites communautés, et plus généralement tout ce qui recouvre les micro-phénomènes sociaux.

L'enquête par entretien a été utilisée, on l'a vu, en psychologie expérimentale pour l'étude de l'action humaine (ce qui se passe quand les gens font quelque chose) et en psychologie appliquée, pour l'étude du développement de l'enfant, par exemple.

L'ethnologie lorsqu'elle y a recours, donne à l'entretien un caractère informatif et descriptif prononcé, inscrivant le plus souvent ce type de collecte dans un protocole d'observation directe.

En sociologie, les études de communauté dites « culturalistes » se sont largement appuyées sur ce type de matériel tout en lui associant la collecte de données statistiques et de documents personnels de tous ordres. C'est du reste à partir de ces travaux américains que s'est développé l'essentiel de la réflexion méthodologique sur l'entretien, avec la mise au point successive de techniques particulières (entretiens focalisés) et la multiplication d'analyses anatomiques, pour beaucoup centrées sur la notion d'interaction.

Aujourd'hui, l'enquête par entretien est employée dans pratiquement tous les domaines de la sociologie : sociologie et anthropologie urbaines, analyse des milieux sociaux, de la mobilité sociale et des processus migratoires. Les sociologies du travail, de la famille, de la culture, de l'éducation, y ont également recours pour des études spécifiques, tous domaines fortement pénétrés par les développements de la commande publique de recherche, et mobilisés par les problèmes sociaux de l'État providence, lui-même grand consommateur d'enquêtes d'évaluation des politiques sociales, dans les secteurs les plus divers : santé, prestations sociales, logement social, chômage, etc. En France, c'est dans les sciences appliquées que la pénétration de l'entretien de recherche a été la plus franche.

À côté des secteurs public et parapublic, les plus gros utilisateurs de ce type d'enquête sont les études de motivations et les études de marché, études de psychologie appliquées à la connaissance des besoins du consommateur et des mobiles de son comportement. La recherche-action[1], qui fut la première à découvrir les vertus d'un questionnement plus participatif, y fait aussi appel pour favoriser la prise de conscience des enjeux institutionnels, le plus souvent par le biais d'entretiens de groupe (Giami, 1985).

Utilisée prioritairement dans tout ce qui est investigation des logiques de l'usager, l'enquête par entretien constitue une forme cristallisée de la sociologie de l'État providence et plus largement de la recherche sociale. Elle est, par ailleurs, consubstantielle au développement de l'étude de la vie quotidienne prise au sens large, qui constitue l'introduction et le substrat de l'analyse des mœurs. Les visées de la sociologie de l'enquête par entretien peuvent donc être à la fois pragmatiques et théoriques. D'autre part, elle ne peut que se développer, dans la mesure où la sociologie des administrés est elle-même amenée à jouer un rôle de plus en plus important (du fait de l'extension de l'État providence), et où la sociologie de la vie quotidienne a toutes les raisons de demeurer un noyau fort de l'investigation sociologique (eu égard au caractère central de cette instance dans une société de consommation). En tant que démarche participative, la technique de l'entretien répond tout particulièrement à la sollicitation de participer à laquelle l'État providence et le marché soumettent leurs clients.

Pour plus de clarté, on a différencié les exemples de ces applications en trois sous-groupes selon l'inflexion des axes de recherches. Malgré le flou relatif des frontières, on peut distinguer : les travaux centrés sur les représentations ; ceux qui concernent à la fois les représentations et les pratiques ; enfin, ceux qui se focalisent sur les seules pratiques.

1. Recherche qui vise, à travers l'application des résultats sur le milieu étudié, la transformation de ce milieu.

3.1 Enquêtes sur les représentations

Ces enquêtes sur les modes de pensée supposent la production de discours à dominante « modale »[1], obtenue à partir d'entretiens centrés sur les conceptions, les raisonnements et les logiques subjectives de l'interviewé.

Anthropologie de la maladie. Étude ethnologique des systèmes de représentations étiologiques et thérapeutiques dans la société occidentale contemporaine (Laplantine, 1986)

Cette enquête s'est donnée pour objectif d'analyser la maladie, non seulement à la première personne (la subjectivité du malade qui interprète lui-même son mal), mais également à la troisième personne (la connaissance médicale objective et les valeurs qui la traversent). Elle prend en compte tous les secteurs et les niveaux concernés – médecine officielle et médecine parallèle, représentations mais aussi fantasmes, interprétations théoriques explicites savantes mais également populaires, élaborées et sauvages – et montre ainsi qu'au-delà des variations entre sociétés, groupes sociaux et individus, « il existe des permanences, des constantes [...] des invariants de l'expérience morbide et de l'espérance de guérir parfaitement repérables et qui ne sont pas en nombre illimité » (Laplantine, 1986, p. 14). Pour mettre en évidence les modèles étiologiques (formes élémentaires de la maladie) et thérapeutiques (formes élémentaires de la guérison), deux types de sources ont été mobilisés : des sources documentaires (ouvrages d'histoire de la médecine et de la pensée médicale en Occident, littérature médicale à destination du grand public, textes littéraires), et des entretiens soit auprès de malades (une cinquantaine) soit auprès de médecins généralistes (une trentaine), les premiers centrés sur l'interprétation que le malade donne lui-même de sa maladie, les seconds sur la pratique quotidienne de la médecine et l'appréhension de l'origine des maladies.

1. Un discours modal est un discours qui tend à traduire l'état psychologique du locuteur (*cf.* chapitre 3).

3.2 Enquêtes sur les représentations et les pratiques

Ces enquêtes, qui visent la connaissance d'un système pratique (les pratiques elles-mêmes et ce qui les relie : idéologies, symboles, etc.), nécessitent la production de discours modaux et référentiels[1], obtenue à partir d'entretiens centrés d'une part sur les conceptions des acteurs et d'autre part sur les descriptions des pratiques.

Les Pavillonnaires (Raymond, Haumont, 2001)

L'enquête menée en 1966 par l'Institut de sociologie urbaine avait pour contexte du développement, alors dominant, de l'urbanisme de petits puis de grands ensembles d'immeubles collectifs (il s'était construit en vingt ans deux fois plus de logements collectifs que de logements individuels) et, pour point de départ, le constat d'une insatisfaction réelle ou supposée des habitants (le « mal des grands ensembles »). La question se posait de savoir si la préférence marquée des Français pour la maison individuelle diagnostiquée par les enquêtes par questionnaires « correspondait seulement à des motivations simples ou, plus globalement, au choix d'un mode de vie » (Raymond, Haumont, 2001), et si le logement collectif pouvait apporter autre chose qu'une solution transitoire. Il s'agissait en particulier de savoir, d'abord, s'il existait un système symbolique tel que le pavillon puisse représenter un mode de vie idéal ; ensuite, dans quelle mesure l'absence d'un tel système et l'impossibilité d'investir moralement dans l'habitat constituait un obstacle à l'acceptation profonde de cet habitat. L'enquête s'était donnée pour objectif non plus de mesurer des degrés de satisfaction (étalonnables et quantifiables) mais de vérifier l'existence d'un rapport à l'espace, plus précisément d'un système de relations entre univers matériel (espaces et pratiques du pavillon) et univers symbolique (significations des espaces à travers les pratiques) ; elle exigeait ainsi une investigation par entretiens, seule capable de délinéariser les séquences espaces → pratiques → significations. Trois cents interviews furent

1. Un discours référentiel est un discours qui décrit l'état des choses (*cf.* chapitre 3).

recueillies : deux tiers auprès d'habitants de pavillons et un tiers auprès d'habitants d'immeubles collectifs.

Outsiders. Études de sociologie de la déviance (Becker, 1985)

Une des enquêtes du livre, intitulée « Comment on devient fumeur de marijuana » avait pour objectif de suivre « l'expérience physique directe de la marijuana », d'étudier « la manière dont l'individu réagit aux divers contrôles sociaux qui se sont progressivement développés aux États-Unis à propos de l'usage de la drogue », et ainsi de reconstruire ce que Becker appelle la carrière du fumeur de marijuana (Becker, 1985, p. 65). La carrière, et non pas la prédisposition, car le fumeur de marijuana est inconstant (son comportement est variable dans le temps) et donc, par hypothèse, mû par des circonstances en partie indépendantes de sa personnalité. En centrant son investigation sur l'expérience personnelle de la marijuana, les changements d'attitude envers la drogue et les changements effectifs de son usage, l'auteur entendait montrer que les raisons qui conduisent le fumeur à « utiliser la marijuana pour le plaisir » ne sont pas prédéfinies une fois pour toutes dans la psychologie de l'individu, mais sont construites par l'expérience elle-même ; que ce ne sont pas des motivations déviantes (besoin d'évasion face à des problèmes psychologiques que l'individu ne peut affronter) qui conduisent au comportement déviant (ici, l'usage de la marijuana), mais « le comportement déviant qui produit, au fil du temps, la motivation déviante » (p. 65). Cette recherche, basée sur une cinquantaine d'entretiens auprès de fumeurs, est une bonne illustration du déplacement d'un questionnement causal (pourquoi devient-on déviant ?) vers un questionnement modal (comment devient-on déviant ?). L'investigation portait à la fois sur les modes d'apprentissage (de la technique, de la perception des effets et du goût pour les effets) et sur les réactions développées face aux différentes formes de contrôle social (stratégies d'approvisionnement et stratégies d'évitement des sanctions sociales et morales). Elle visait donc le récit des expériences individuelles, à la fois sur le plan pratique : entrées, sorties et maintien dans l'utilisation de la drogue, et sur les raisons de ces changements : conceptions que l'individu se fait à la fois de l'usage de la drogue et de sa répression.

3.3 Enquêtes sur les pratiques

Parmi ces recherches figurent les travaux sur le cycle de vie, le mode de vie et les aspects matériels de la culture d'un groupe social. L'interviewé, interrogé sur ce qu'il sait pour l'avoir éprouvé et non sur ce qu'il croit, est considéré comme un informateur (Bertaux, 1980, p. 209). Ce type d'entretien, plus descriptif et narratif que les précédents, suscite un discours à dominante référentielle. Il fait appel, chez l'interviewé, au désir de raconter et répond à un type d'organisation essentiellement chronologique.

Le Parler ordinaire – La langue dans les ghettos noirs des États-Unis (Labov, 1978)

Cette étude sur la langue vernaculaire des jeunes Noirs américains des quartiers réservés des grandes villes et sur l'organisation sociale des groupes de jeunes entièrement plongés dans l'univers culturel de la rue, fut à l'origine financée par l'Office of Education, alors préoccupé par l'échec de l'apprentissage de la lecture dans les écoles new-yorkaises. L'équipe de chercheurs mobilisés autour de cette question faisait l'hypothèse que, contrairement aux théories du « déficit » selon lesquelles c'est le langage lui-même de ces jeunes (anglais non standard) qui serait « inadapté à l'éducation et impropre à la pensée logique » (Labov, 1978, p. 13), les causes de l'échec avaient pour origine les conflits culturels et politiques agissant dans la salle de classe. D'où l'intérêt de connaître l'usage de la langue vernaculaire non seulement en soi mais en tant qu'expression de ces conflits. L'enquête avait donc à la fois pour objet les caractéristiques linguistiques du vernaculaire noir-américain (grammaire et système phonique) et la logique sociale de l'utilisation de l'anglais non standard (cadre social du vernaculaire) ; bref, la langue elle-même dans ses manifestations ordinaires et rituelles, mais également l'apprentissage scolaire et l'appartenance au groupe. S'agissant d'une langue très fortement ancrée dans une culture de rue et de groupe, les interviews individuelles peu propices à l'apparition du vernaculaire ne suffirent pas. Il fallut, pour restituer le jeu naturel des interactions, recourir à des séances de groupe durant lesquelles on enregistra le discours de chacun des membres par un micro-cravate sur une piste séparée et le discours du groupe par micro central. Des procédures Sujet-Groupe-Sujet (interview ou réinterview de chaque membre du groupe individuellement) ont ainsi été répétées auprès de deux groupes de Noirs et de deux groupes (témoin) de Blancs.

Décrire les tâches selon les objectifs des opérateurs (Sébillotte, 1991)

Ce travail méthodologique de destockage de connaissances sur les savoirs professionnels, destiné à faciliter la transmission de savoir-faire, propose une méthode de recueil de données sur la description des tâches telles qu'elles sont perçues et rationalisées de façon habituelle par les opérateurs. L'objectif, qui était de faire décrire les tâches indépendamment des situations particulières (contrairement à l'approche ergonomique qui évalue les performances au moment même de l'exécution des tâches), justifiait tout particulièrement le recours à la verbalisation par l'entretien. Seul ce dernier permet en effet de faire émerger la logique de la tâche telle que la perçoit l'opérateur et telle qu'il pourrait l'expliquer et la conseiller à un débutant. Les interviews semi-dirigées comportaient une partie où le sujet s'exprimait librement et une partie guidée où l'interviewer orientait les verbalisations des opérateurs, procédant de façon hiérarchisée, du plus abstrait au plus détaillé. Les résultats obtenus ont abouti à une modélisation utilisant un formalisme adapté à la tâche et aux objectifs finaux des descriptions.

Ces travaux ont fait appel à des titres divers à l'enquête par entretiens, et nécessité la mise en place de campagnes organisées répondant à des objectifs précis. Ce sont les différents problèmes posés par la préparation, la réalisation et l'analyse des entretiens qui seront abordés dans les chapitres suivants.

2

LA PRÉPARATION DE L'ENQUÊTE

La préparation de l'enquête succède à l'opération de construction de l'objet que l'on considère ici comme déjà réalisée. On rappellera, pour mémoire, que cette étape comprend :
– la formulation de la question, premier travail de rupture avec les prénotions, qui doit répondre à la triple préoccupation de clarté, de faisabilité et de pertinence ;
– le choix de la problématique, soit l'inscription de la question dans une perspective théorique définie, à partir de lectures et éventuellement d'entretiens exploratoires ;
– la formulation d'hypothèses, sortes de « réponses provisoires », traduction préopératoire de la problématique servant de fil conducteur au recueil des données et à la phase de questionnement[1].

Vient alors le dessein de l'enquête proprement dit, soit l'ensemble des opérations par lesquelles les hypothèses vont être soumises à l'épreuve des faits, et qui doit permettre de répondre à l'objectif qu'on s'est fixé. C'est ici qu'intervient explicitement l'option pour tel ou tel type d'enquête (quoique celle-ci puisse être implicitement incluse dans la formulation de la question et de la problématique).

Ce phasage constitue un schéma idéal, rarement réalisé dans les faits sous une forme aussi rigoureusement séquentielle. En premier lieu, parce que la réflexion se poursuit tout au long de l'enquête et opère le plus souvent par allers et retours d'une phase à l'autre, tout entretien pouvant suggérer des hypothèses dont on cherchera des indices au cours des entretiens suivants, et venir ainsi infléchir le guide initial d'entretien. En deuxième lieu, parce que cette conception séquentielle correspond à un

1. Pour toutes ces questions, voir R. Quivy et L. van Campenhoudt, 1988.

type d'enquête, l'enquête par entretiens standardisés, où l'individu est envisagé et interrogé en tant qu'entité isolée, indépendamment de son contexte immédiat. Ce schéma est partiellement inadéquat, en revanche, aux enquêtes de réseau où les individus sont interviewés en tant que membres d'une communauté ou d'un groupe, ou bien dans un espace d'action collective ; dans ce cas, chaque entretien constitue une base nouvelle d'interrogation, d'exploration et de vérification pour les entretiens suivants. Dans cette logique, où l'exploration n'est plus une phase mais le processus même de l'enquête, aucun entretien n'existe indépendamment des autres, « ils n'existent que comme ensemble » (Cohen, 1999, p. 104). Enfin, les enquêtes monographiques qui ont pour objectif de repérer certaines transformations et qui reposent sur un temps d'investigation relativement long, incluent des déplacements de questions qui obligent à modifier le guide d'entretien d'une campagne à l'autre. En dépit de ces réserves, il est néanmoins indispensable d'avoir la distinction de ces opérations présente à l'esprit, ne serait-ce que pour contrôler leur chevauchement.

On examinera successivement :

– l'opportunité du recours à l'enquête par entretien au lieu de l'enquête par questionnaire ;

– l'usage de l'enquête par entretien (exploratoire, principal, complémentaire) ;

– les trois opérations de préparation de l'enquête : définition de la population et du corpus, choix du mode d'accès aux interviewés et élaboration du plan d'entretien.

1. L'opportunité du recours à l'enquête par entretien

Parmi les quatre grands types de méthodes dont on dispose en sciences humaines (recherche documentaire, observation, questionnaire, entretien), seuls le questionnaire et l'entretien sont des méthodes de production de données verbales. Compte tenu de leur importance, on comparera ci-après l'usage respectif de l'entretien et du questionnaire.

En tant que démarches interlocutoires différentes, questionnaire et entretien produisent des données différentes : l'opinion (ou l'attitude) produite par questionnaire est issue de la réaction à « un objet qui est donné du dehors, achevé » (la question), alors que l'entretien fait produire un discours. Contrairement aux opinions, les discours recueillis par entretien ne sont pas provoqués ni fabriqués par la question, mais le prolongement d'une expérience concrète ou imaginaire. Ainsi, le choix entre l'entretien et le questionnaire réside essentiellement dans le type de données recherchées. L'entretien s'impose chaque fois que l'on ignore le monde de référence, ou que l'on ne veut pas décider *a priori* du système de cohérence interne des informations recherchées. Le questionnaire, lui, implique que l'on connaisse le monde de référence d'avance, ou bien qu'il n'y ait aucun doute sur le système interne de cohérence des informations recherchées. Alors que la construction d'un questionnaire exige un choix préalable de facteurs discriminants, l'entretien n'exige pas de classement *a priori* des éléments déterminants. D'autre part, le questionnaire suppose que l'on dispose d'attitudes échelonnables, alors que l'entretien, lui, ne préjuge ni d'une hiérarchie ni du caractère discontinu des domaines d'action. Enfin, l'entretien convient à l'étude de l'individu et des groupes restreints, mais est peu adapté et trop coûteux lorsqu'il est nécessaire d'interroger un grand nombre de personnes et que se pose un problème de représentativité.

Quant aux résultats visés, l'enquête par entretien ne peut prendre en charge les questions causales, les « pourquoi », mais fait apparaître les processus et les « comment ». Le questionnaire informe sur les caractéristiques de populations spécifiques et, en les classant, permet d'établir un lien de causalité probable entre les caractéristiques descriptives et les comportements. L'entretien révèle la logique d'une action, son principe de fonctionnement[1]. L'enquête par questionnaire discrimine, l'enquête par entretien différencie *a posteriori*. L'entretien déroule le cours des choses, propose les éléments contenus dans les phénomènes étudiés, leurs composants, et non pas leur contenant, ni leur enveloppe ; les rationalités

1. Abandonne-t-on la question de la causalité ou ne met-on pas en œuvre une conception téléologique de la causalité selon laquelle les comportements n'ont pas de cause certaine mais représentent des actualisations particulières de situations potentielles ?

propres aux acteurs, celles à partir desquelles ils se meuvent dans un espace social, et non pas ce qui les détermine à se mouvoir dans cet espace social.

Entretiens ou questionnaires ?
Un exemple :
Aller au cinéma. Se demande-t-on pourquoi les gens vont au cinéma, pourquoi certains y vont et d'autres pas, le repérage de la causalité s'effectue par comparaison. On va dès lors poser des questions à un échantillon d'individus sur leurs pratiques (vont-ils ou non au cinéma ?) et sur certaines caractéristiques supposées liées à ces pratiques (âge, catégorie socioprofessionnelle ou diplôme, type d'habitat, nombre d'enfants, etc.). Le questionnaire visera à mettre en relation les pratiques et les éléments déterminants de ces pratiques (Singly, 2005). La question est bien : qu'est-ce qui prédispose certains à aller au cinéma et d'autres pas ? Qu'est-ce qui sépare l'état de non-spectateur de celui de spectateur ? En revanche, si on se pose la question : qu'est-ce qui pousse les gens à aller au cinéma ? Qu'est-ce qui les fait passer de l'état de spectateurs potentiels à l'état de spectateurs réels ? Le recours à l'entretien se justifie. Celui-ci indiquera :
– les conditions dans lesquelles on va au cinéma : seul, en famille, en groupe ;
– les raisons pour lesquelles on y va, en termes de sociabilité (conquérir un espace de liberté personnelle, s'offrir une sortie en famille, se retrouver entre amis, se ménager des possibilités de rencontre…) et en termes de culture/loisir (voir des films pour se distraire, choisir des films pour parfaire sa culture…), toutes questions qui pourraient certes être abordées par un questionnaire plus ou moins ouvert.

Mais seuls émergeront de l'entretien, pour chacun d'entre eux, l'énoncé des articulations qui relient les différents éléments, pratiques et contextuels, ainsi que la place de ces éléments dans les contextes sociaux dans lesquels ils sont produits.

2. Les différents usages de l'enquête par entretien

L'enquête par entretien peut être utilisée à différentes phases du processus de recherche et pour des usages divers :

– explorer et préparer une enquête par questionnaire ;
– analyser un problème et constituer la source d'informations principale ;
– compléter une enquête ou replacer dans leur contexte des résultats obtenus préalablement par des questionnaires ou par des sources documentaires.

2.1 L'enquête par entretien à usage exploratoire

Les entretiens exploratoires ont pour fonction de compléter les pistes de travail suggérées par les lectures préalables et de mettre en lumière les aspects du phénomène auxquels le chercheur ne peut penser spontanément. L'entretien exploratoire visant à faire émerger au maximum les univers mentaux et symboliques à partir desquels les pratiques se structurent, sera plutôt à dominante modale, avec une consigne du type : « Qu'est-ce que cela représente pour vous ? »

L'entretien est l'outil de prédilection de la phase exploratoire d'une enquête dans la mesure où, comme on l'a vu, il est lui-même un processus exploratoire. Parce qu'il contient une possibilité permanente de déplacement du questionnement et permet un « processus de vérification continu et de reformulation d'hypothèses » (Thompson, 1980) tout au long de la recherche, il est particulièrement indiqué en début d'enquête, lorsque les hypothèses de départ ne sont encore qu'incomplètement formulées. En cela, il s'oppose radicalement au questionnaire qui suppose la pertinence de questions choisies une fois pour toutes et qui est donc paralysé par toute découverte susceptible de le remettre en question. À l'inverse, l'entretien, fondé sur la combinaison d'exploration et de questionnement dans le cadre du dialogue avec l'informateur, signifie, comme l'explique Thompson à propos des récits de vie, que « le chercheur est préparé à recevoir l'inattendu, et, plus encore, que le cadre d'ensemble lui-même au sein duquel les informations sont recueillies n'est pas déterminé par le chercheur, mais par l'informateur ou l'informatrice, plus exactement par la façon dont il/elle voit sa propre vie. C'est le questionnement du chercheur qui doit s'insérer dans ce cadre et non l'inverse ; et il est normal dans ce type d'entretien que l'essentiel soit exprimé sans référence à des questions directes. Ainsi, la forme précise de telle ou telle question ne joue pas un rôle fondamental lors de l'analyse ; et l'on peut, au fur et à mesure que l'enquête progresse, s'intéresser à des questions nouvelles, voire déplacer le centre d'attention, sans pour autant mettre en danger la cohérence de l'enquête » (1980, p. 254-255).

Entretiens exploratoires à une enquête par questionnaires

Interroger les identités : l'élaboration d'une enquête en France (Ville et Guérin-Pace, 2005).

En 2003, l'INSEE a réalisé l'enquête « Histoire de vie », sur la construction des identités, qui visait à appréhender les formes actuelles de l'intégration sociale à partir de la description des liens sociaux, réels et symboliques, construits dans les parcours individuels et les appartenances collectives. Cette enquête entendait en particulier mesurer la part respective de la famille, du travail, mais également du temps libre, des nouvelles formes d'engagement et de la mobilité géographique dans les processus de construction de l'identité. Plus fondamentalement, il s'agissait de concevoir des outils d'analyse adéquats aux transformations d'une identité sociale qui « n'est pas un "être" mais un "travail" » (Dubet, 1994).

Mener une enquête statistique sur un thème de prime abord aussi « peu statistique et difficile à objectiver » supposait une phase qualitative exploratoire qui allait permettre, premièrement, d'« inventorier les formes identitaires spontanément mentionnées par les répondants » et, deuxièmement, d'« appréhender la diversité des thèmes d'identification, les modalités selon lesquelles ils se déclinent et leurs interactions éventuelles » (p. 284). Vingt-deux entretiens exploratoires ont ainsi été réalisés auprès de onze femmes et onze hommes, âgés de 23 à 92 ans, choisis de manière à offrir une variation de trajectoires. L'entretien, conduit de manière aussi peu directive que possible, débutait par la consigne : « D'une façon générale, pouvez-vous me dire comment vous vous définissez ? Pouvez-vous décrire la personne que vous êtes ». Il s'agissait alors de repérer et d'explorer les vecteurs sociologiques à travers lesquels s'énoncent les définitions de soi, rôles, appartenances et statuts qui situent la personne dans son espace social (« Je m'appelle Catherine, j'ai 23 ans, je suis étudiante… », « Je me définirais comme quelqu'un proche de la nature… »,

« Ce que j'ai toujours été, c'est une combattante... ») ; mais aussi de déceler des modalités d'affirmation identitaire : identification revendiquée et affirmée (« Un bon père de famille... c'est ce que j'essaie d'être... », « Une formule un peu triviale, ça serait "bougnoule" occidentalisé... »), ou au contraire assignée, imposée (« J'ai toujours eu du mal à assumer mon physique... ») ; enfin de saisir leurs modes d'articulation (par les lieux de vie, la cohérence de soi et des relations de causalité ou au contraire leurs contradictions).

L'analyse des entretiens exploratoires a permis de bâtir le questionnaire en tenant compte des dimensions objective et subjective de l'identification, grâce à l'emploi de filtres « subjectifs » à l'intérieur des thèmes étudiés. Les thèmes « santé » et « loisirs » qui comportaient des questions sur les problèmes et les pratiques objectifs des répondants dans le domaine, étaient suivies de questions sur « les conséquences du problème de santé » ou des activité dont « on aurait du mal à se passer », destinées à « filtrer » les questionnements ultérieurs plus détaillés. Le choix des thèmes fut également choisi à partir de l'analyse des entretiens (« situations familiale », « nationalité, langues », « généalogie, parents », ou encore « santé, corps, personnalité »...) Toutefois, les principales innovations apportées par les entretiens exploratoires ont consisté dans l'introduction de questions permettant de distinguer entre appartenances de fait, revendiquées et subies, ainsi que leurs relations ; ils ont permis également de prendre en compte la dynamique des trajectoires grâce à l'emploi d'une grille biographique.

Le questionnaire d'enquête comprenait en définitive quatre axes successifs : reconstitution des trajectoires, appartenances, rôles sociaux et affirmations identitaires, identités assignées, synthèse – registres complémentaires d'énonciation assurant une approche transversale de l'identité. Il restait en outre centré sur le point de vue des personnes et sur les trajectoires individuelles, et non sur des catégories objectives pré-construites.

2.2 L'enquête par entretien à usage principal

Ce sont les enquêtes dont l'entretien constitue le mode de collecte principal de l'information. Cet usage suppose que les hypothèses aient été dégagées et agencées en présuppositions explicatives. Dans ce cas, le plan d'entretien, lui-même structuré, sera élaboré pour que les données produites puissent être confrontées aux hypothèses. Les enquêtes sur les pavillonnaires, sur les fumeurs de marijuana, sur le langage vernaculaire et sur la formalisation des tâches citées au chapitre 1, appartiennent toutes à cette catégorie. L'étude ci-après montre bien comment, à travers l'explicitation des représentations individuelles, un processus sociologique peut être dégagé.

Rester enfant, devenir adulte. La cohabitation des étudiants chez leurs parents (Ramos, 2002).

Le passage à l'âge adulte s'effectue aujourd'hui de façon progressive et la conquête de l'autonomie, loin de se traduire par un événement unique liant mariage, installation dans un logement conjugal et autonomie financière, constitue une période de vie durant laquelle les jeunes adultes expérimentent et conjuguent différents types de vie et de formes d'autonomie qui se traduisent par des allers et retours entre le domicile parental et des logements indépendants habités seuls, à deux ou à plusieurs. Ce processus en apparence erratique et contradictoire d'entrée dans la vie adulte est favorisé par l'allongement des études, l'accroissement de leur coût et le renchérissement de l'accès au logement dans les grandes villes. Mais, c'est l'hypothèse de l'enquête, il traduirait plus structurellement le développement d'un régime de socialisation et d'individualisation inédit qu'il s'agissait dès lors de qualifier. L'objet de la recherche portait ainsi sur « la cohabitation intergénérationnelle parents/jeunes adultes » comme espace, temps et cadre relationnel de la « construction d'un chez soi » – cohabitation qui n'est pas seulement une somme de contraintes et de « dépendances objectives », mais favorise la « construction de l'autonomie et de l'identité personnelle » (p. 30). L'angle d'approche (sociologie de l'individu) est congruent avec la conception caractéristique de la culture de référence (occidentale) dans laquelle la production des individus repose davantage sur la révélation de soi que sur l'éducation par transmission et apprentissage.

Cet objectif général – étudier comment le jeune construit un « chez soi » chez ses parents – a été abordé à partir des interactions dans l'espace qui sont le support des processus d'affirmation de soi. L'enquête visait à montrer comment un jeune adulte parvient à revendiquer « le droit d'être chez lui au domicile parental » et « le droit d'avoir des principes d'organisation de sa chambre qui lui sont personnels » (p. 33). Les entretiens ont ainsi été centrés sur « les stratégies de séparation et de distinction des domaines personnels et commun », les « négociations parents/enfants » et les « expériences du jeune adulte dans sa chambre et sa maison parentale » (*ibid.*). Le recueil du discours des jeunes adultes sur le partage quotidien de l'espace et du temps ainsi que sur les rapports avec les parents, les frères et sœurs, les amis et relations amoureuses a permis alors de comprendre comment les jeunes adultes « *se vivent* dans la cohabitation, entre dépendances objectives et aspirations à l'indépendance et à l'autonomie » (p. 34). Les entretiens réalisés avec un nombre égal d'étudiantes et d'étudiants âgés de 19 à 27 ans qui sont, avec les chômeurs, les jeunes adultes qui restent le plus longtemps chez leurs parents incluaient une diversité de situations allant du commencement de la séparation à son quasi achèvement.

2.3 L'enquête par entretien à usage complémentaire

Selon qu'elle est postérieure, parallèle ou corrélative à d'autres moyens d'enquête, l'enquête par entretien ne remplit pas la même fonction. Soit elle enrichit la compréhension des données, soit elle les complète, ou bien encore elle contribue à leur construction et à leur interprétation.

L'enquête par entretien postérieure à l'enquête par questionnaire

Le recours à l'entretien sert dans ce cas à contextuer des résultats obtenus préalablement par questionnaire, observation ou recherche documentaire. Les entretiens complémentaires permettent alors l'interprétation de données déjà produites.

Habiter Lyon. Milieux et quartiers du centre-ville (Grafmeyer, 1991)

Afin d'analyser comparativement trois contextes résidentiels du centre de Lyon, une étude a été menée à partir de deux sources : « d'une part les données statistiques décrivant l'ensemble des résidents, d'autre part un corpus de cinquante entretiens semi-directifs auprès d'habitants choisis dans un petit nombre d'immeubles-tests qui ont par ailleurs donné lieu à une investigation approfondie » (p. 27). La campagne d'entretiens complétait ainsi l'exploitation de deux sources statistiques : le recensement de l'INSEE (résultats agrégés et bulletins individuels) d'une part, et un fichier anonyme des occupants d'un même îlot, constitué à partir des archives du régisseur d'autre part. La première source fournissait des informations de type synchronique (distribution des habitants dans l'espace), la seconde se prêtait davantage à l'analyse longitudinale (mobilité résidentielle des habitants et succession des occupants dans un même immeuble).

L'échantillon-témoin des interviewés a été constitué à partir d'habitants d'immeubles-tests sélectionnés de manière à respecter la diversité locale, dans le but d'observer de manière intensive un petit nombre de contextes résidentiels, « et de confronter les propos tenus par les divers occupants d'un même immeuble » (p. 30).

Les entretiens auprès de ces habitants, centrés sur l'itinéraire antérieur du ménage, les trajectoires socioprofessionnelles de la famille, ainsi que sur les pratiques et représentations associées au logement, à l'immeuble et au quartier, ont alors permis de compléter les informations statistiques et d' « enrichir la compréhension des régularités mises en évidence par les traitements quantitatifs » (p. 30).

Malades d'hier et d'aujourd'hui (Herzlich, Pierret, 1984)

Comme la recherche de Laplantine sur l'anthropologie de la maladie, celle de C. Herzlich et J. Pierret mobilise à la fois des sources documentaires et des entretiens auprès de malades sur leur expérience de la maladie, la façon dont ils conçoivent leur état organique et leur condition sociale. La recherche avait pour but de mettre en perspective le discours des malades sur la maladie et de resituer les évolutions récentes (extension de l'institution médicale et, simultanément, développement d'une crise de confiance à son égard) dans une période longue, en confrontant des matériaux anciens (travaux d'historiens, matériaux romanesques et archives –

lettres, journaux intimes, chroniques) et contemporains. L'emploi de ces deux sources ne visait donc pas une quelconque « histoire des malades » mais la compréhension, « à la lumière de l'histoire, [du] malade d'aujourd'hui » (p. 14).

L'enquête par entretien en amont et en aval de l'enquête par questionnaire. Exemple de couplage intégré des deux méthodes

La famille et ses proches : l'aménagement des territoires (Bonvalet, Gotman et Grafmeyer, 1999).

Cette enquête constitue un prolongement et un approfondissement directs de l'enquête « Proches et parents » réalisée par l'INED en 1990, qui se proposait d'étudier la composition et l'étendue du réseau des proches (famille étendue et réseau des affinités), ainsi que les usages sociaux du réseau familial et amical. Préalablement à cette première enquête par questionnaire réalisée auprès d'un échantillon de 1946 personnes représentatif de la population française adulte, une préenquête par entretiens avait été nécessaire pour formuler les questions de telle sorte à saisir tous les proches y compris la famille, (celle-ci peut être spontanément classée en dehors de cette catégorie) et, simultanément, à ne pas induire de l'appartenance familiale une proximité qui ne va pas de soi – il ne fallait en somme ni omettre la famille ni surestimer son poids dans le cercle des « proches » que l'on voulait saisir. Une fois l'enquête par questionnaire réalisée, un groupe élargi de chercheurs spécialisés dans le champ de la famille, du logement et des migrations a couplé l'exploitation des questionnaires avec une campagne d'entretiens centrés sur la contribution des proches aux positions résidentielles des ménages (statut d'occupation, localisation, types d'habitat…). Il s'agissait de voir dans quelle mesure le logement est « l'affaire » du ménage ou bien « une affaire de famille » (et dans une moindre mesure de proches non parents) et de savoir, en particulier, si la famille proche contribue à définir le champ des souhaitables et des possibles du ménage en matière de choix résidentiels. En fonction des informations recueillies par questionnaire, une sous-population de 90 personnes a été sélectionnée sur la base de variables démographiques et géographiques pour réaliser les entretiens. Tout en s'appuyant sur un guide d'entretien général, chaque entretien était préparé et conduit à partir de l'exploitation méthodique des informations issues du questionnaire (livret familial de chacun des conjoints, liste des proches, calendriers démographique et résidentiel, fiche « questionnaire » et fiche « diagnostic »). L'enquêteur s'appuyait donc sur ces informations pour ajuster la conduite de l'entretien, approfondir les thèmes de l'enquête résidentielle et réinterroger des points précis qui s'étaient révélés incomplets ou contradictoires dans le questionnaire. Enfin, les entretiens ont fait l'objet d'un codage réalisé à partir de la construction d'indices connectés eux aussi avec les données des questionnaires, qui permettait de rendre compte synthétiquement des entretiens et sur la base duquel ont été conduites les analyses par thèmes. Contrairement aux campagnes d'entretiens étayées sur une enquête par questionnaire employée uniquement comme cadre de référence, les deux méthodes ont donc été utilisées ici de façon intégrée, comme composantes d'une seule et même enquête.

3. La conception de l'enquête

La conception proprement dite de l'enquête recouvre plusieurs opérations qui s'enchaînent et, souvent, se superposent. Chacune d'elles implique néanmoins des options précises. La définition de la population et la sélection du corpus, le mode d'accès aux interviewés et la planification des entretiens engagent la recherche dans sa phase réellement opératoire, et chacune de ces opérations entraîne des conséquences particulières. Toutefois, l'entretien, plus que le questionnaire, autorise des réajustements en cours de route.

3.1 Population et corpus

Une fois les hypothèses formulées, le choix de l'enquête arrêté, son objectif et sa fonction dans le dispositif de recherche définis, se pose la question de savoir qui interroger et dans quelle population.

La définition de la population

Définir la population, c'est sélectionner les catégories de personnes que l'on veut interroger, et à quel titre ; déterminer les acteurs dont on estime qu'ils sont en position de produire des réponses aux questions que l'on se pose. Souvent, la définition de la population est incluse dans la définition même de l'objet. Si l'on veut étudier la carrière de fumeurs de marijuana ou les trajectoires professionnelles des gens de la banque, la population à interroger se définit d'elle-même. Mais, outre qu'il est souvent nécessaire de fixer les limites de la population à interroger en fonction de la définition de l'objet, sa composition peut elle aussi varier en fonction de ce même objet. La définition de la ou des populations à interroger suppose, en tout état de cause, que soit défini, chaque fois, son statut d'informateur.

• *Les limites de la population*

Les critères de choix de la population à interroger peuvent se fonder sur des données tout à fait simples telles que l'âge (âges minimum et maximum de la population si l'on enquête par exemple sur « les jeunes »), ou plus complexes : type de résidence (principale ou secondaire), par exemple, pour définir la population d'une enquête sur les pavillonnaires ; degré de proximité (personnes ayant reçu chez elles des hôtes connus ou inconnus) pour définir la population d'une enquête sur l'hospitalité. Ces critères sont liés aux hypothèses et participent de la construction de l'objet.

Si l'on pense par exemple que l'idéologie pavillonnaire est articulée sur le rapport habitat/travail et sur les rapports de production/reproduction de la force de travail, on éliminera les habitants en résidence secondaire. Si l'on considère l'univers pavillonnaire dans une perspective plus anthropologique, comme un espace de pratiques spatio-symboliques (d'orientation, de fondation, etc.), la fonction résidentielle intervient peu, et les deux types de population (habitants en résidence principale et en résidence secondaire) peuvent sans inconvénient être sélectionnés. De même, choisir exclusivement des personnes ayant reçu des hôtes proches ou connus se justifie par une approche sociologique de l'hospitalité, puisque l'on privilégie les pratiques les plus usuelles de l'hospitalité privée. Si en revanche on conçoit l'hospitalité comme une question pratique de gestion et d'organisation, on aura tout intérêt à interviewer des personnes ayant reçu chez elles des hôtes inconnus dans des circonstances difficiles, voire des professionnels de l'hôtellerie pour lesquels la réception revêt des aspects matériels plus complexes.

• *La composition de la population*

Pour composer le corpus de la population, plusieurs options peuvent se présenter, soit en terme d'alternative, soit en terme de diversification.

Ainsi, s'intéresse-t-on à l'hospitalité du point de vue des « hôtants », il sera pertinent de s'adresser à eux exclusivement (ce qui donnerait, par exemple, un corpus de cinquante hôtants). Si, en revanche, on aborde l'hospitalité comme un problème pour celui qui la donne mais également pour celui qui la reçoit, on interviewera vingt-cinq hôtants et vingt-cinq « hôtés ».

De même, si l'on fait l'hypothèse que le rapport à l'hospitalité est fortement structuré par son expérience concrète, on peut, si l'on souhaite étudier les représentations à partir des pratiques, ne retenir que les personnes ayant effectivement reçu des hôtes ; ou, au contraire, si l'on veut mesurer l'écart entre différentes logiques de représentation, inclure deux sous-populations structurées par rapport à cette dimension et interroger à la fois des personnes ayant reçu des hôtes et des personnes qui n'en ont pas fait l'expérience.

• *Le statut d'informateur des populations*

Par ailleurs, une population concernée par une recherche peut être décomposée en plusieurs sous-populations, chacune étant susceptible d'apporter des informations spécifiques. Le choix de ces sous-populations est là encore déterminé par les hypothèses. Dans la mesure où chaque groupe est interviewé pour des raisons différentes et intervient dans la population globale à des titres distincts, leur statut d'informateur est différent.

Ainsi, par exemple, pour une enquête sur l'hospitalité, si l'on veut tester l'hypothèse selon laquelle elle n'engage pas seulement l'individu mais le groupe (la famille, par exemple), on peut à la fois interroger les parents qui en ont la charge et la responsabilité, et les enfants qui sont plutôt censés en partager les bénéfices. Les premiers sont interrogés en tant que responsables, les seconds en tant que bénéficiaires indirects de l'hospitalité, mais leur discours est pour ainsi dire sur le même plan. Ils parlent chacun de leur expérience dans des régions différentes de la pratique.

Si l'on s'interroge sur les répercussions psychologiques de l'hospitalité, on peut également interroger ces deux sous-populations, mais à des titres distincts : les parents eux-mêmes, comme expérimentateurs directs, les enfants comme expérimentateurs indirects.

Si l'on fait cette fois l'hypothèse que les enfants sont, eux aussi, mis à contribution à des degrés divers dans la prise en charge de l'hospitalité, on les interrogera en tant que contributeurs de second rang à l'hospitalité. Mais selon que l'on considère que les différences de mise à contribution des enfants relèvent de décisions parentales et du type de rapports instaurés au sein du groupe familial ou, au contraire, du choix de l'enfant et de son degré d'affinité avec les hôtes, on interrogera dans le premier cas les contributeurs de second rang en tant que membres familiaux délégués à l'hospitalité, et dans le second cas un groupe d'enfants choisis de façon diversifiée, en tant qu'hôtes directs. Le type d'interview sera différent dans les deux cas. Tandis que les premiers sont à dominante référentielle (interview sur les pratiques et les représentations parentales de l'hospitalité telles qu'elles sont transmises aux enfants), les seconds seront à dominante modale (interview sur les représentations et la pratique personnelle de l'enfant). On attend des premiers une information, des seconds une réflexion.

Dans certains cas, les interviews de délégués ou de représentants de groupes sont quasi obligatoires pour accéder aux membres du groupe. Ainsi, lorsqu'on souhaite s'entretenir avec un responsable administratif, est-il souvent difficile de le convaincre « que ce que l'on souhaite, c'est recueillir *son* point de vue, et non le point de vue officiel de l'administration en charge du problème » que l'enquêteur a toutes les chances de déjà connaître (Muller, 1999, p. 70). Car, même le point de vue « officiel » énoncé par un délégué, un représentant ou un porte-parole, apportera un autre type d'information que celles divulguées dans des cadres différents (textes administratifs, presse…)

La constitution du corpus

Le corpus de l'enquête par entretien est constitué par les entretiens réalisés au sein de la population. On n'a affaire à un échantillon que lorsque les entretiens sont tirés de la population de telle sorte à être représentatifs de cette population, ce qui implique une base de données préalable (liste ou enquête par questionnaire, par exemple).

• *La taille du corpus*

Le corpus nécessaire à la réalisation d'une enquête par entretien est, de manière générale, de taille plus réduite que celui d'une enquête par questionnaire, dans la mesure où les informations issues des entretiens sont validées par le contexte et n'ont pas besoin de l'être par leur probabilité d'occurrence. Une seule information donnée par l'entretien peut avoir un poids équivalent à une information répétée de nombreuses fois dans des questionnaires. La réduction relative du corpus nécessaire à une enquête par entretien tient donc au statut de l'information obtenue.

La détermination du nombre d'entretiens nécessaires à une enquête particulière (la taille du corpus) dépend, en premier lieu, du thème de l'enquête (faiblement ou fortement multidimensionnel) et de la diversité des attitudes supposées par rapport au thème, du type d'enquête (exploratoire, principale ou complémentaire), du type d'analyse projeté (recensement de thèmes ou analyse de contenu plus exhaustive), et enfin des moyens dont on dispose (en temps et en argent). Ainsi, les effectifs interrogés varient, par exemple, selon les périodes et la masse de deniers publics consacrés à la recherche. D'autre part, comme à partir d'un certain nombre d'entretiens les informations recueillies apparaissent redondantes et semblent n'apporter plus rien de nouveau, on est tenté de ne point aller au-delà. Encore faut-il avoir recherché un maximum de diversification. Et ce n'est qu'après avoir jugé ce point de « saturation » atteint que l'on peut effectivement considérer la campagne d'entretiens comme close.

• *Le mode de constitution du corpus*

Dans l'enquête par entretien, on bâtit le plus souvent un corpus diversifié, qui repose sur la sélection de composantes non strictement représentatives mais caractéristiques de la population. L'échantillon dit représentatif qui présente les mêmes caractéristiques que la population et autorise la généralisation des résultats est, lui, beaucoup plus rarement employé, dans la mesure où ces enquêtes ne comportent pas d'effectifs suffisants et où, surtout, ne se pose pas le problème de représentativité statistique.

La constitution du corpus diversifié subit une double contrainte et résulte, en règle générale, du compromis entre la nécessité de contraster au maximum les individus et les situations et, simultanément, d'obtenir des unités d'analyse suffisantes pour être significatives. Diversifier mais non disperser. Et dans cette diversification, maximiser les chances d'apparition « d'au moins quelques cas capables de perturber notre système et de nous pousser à remettre en question ce que nous croyons savoir » (Becker, 2002, p. 31). Cette diversité peut être elle-même définie en fonction de variables stratégiques, liées au thème et supposées, *a priori*, jouer un rôle important dans la structuration des réponses ; ou bien à partir de variables descriptives classiques de positionnement, telles que sexe, âge, catégorie sociale, etc. On peut aussi, si le corpus le permet, associer ces deux types de variables, en les hiérarchisant.

– Corpus diversifié en fonction de variables liées au thème :

Propriétaire en HLM (Gotman et Bertaux-Wiame, 1991)

Diversifier un corpus selon des variables liées au thème de l'étude, ce peut être par exemple interroger, parmi une population d'acheteurs de logements HLM dont on étudie la trajectoire, aussi bien les anciens locataires que les nouveaux venus ; ceux qui empruntent l'essentiel de la somme comme ceux qui paient *cash* ; les ménages à double revenu et les ménages à salaire unique, etc. Cette diversification du corpus fut aisée car ces données étaient disponibles dans l'enquête préalable effectuée par l'organisme HLM.

Les Pavillonnaires (Raymond, Haumont, 2001)

La population de cette étude a été déterminée en fonction de la définition architecturale (maison urbaine ou suburbaine entourée d'un jardin) et historique (extension pavillonnaire liée à la croissance urbaine, elle-même liée à la révolution industrielle du XIXe siècle) du pavillon. Les critères de diversification ont donc porté sur le type urbain et les interviewés choisis dans des sites spécifiques : banlieue de grande ville, ville fortement industrialisée avec prédominance de maisons individuelles, région de vacances à dominante pavillonnaire, région représentative de milieux de retraités, ville neutre où rien n'anime particulièrement le développement urbain.

– Corpus diversifié en fonction de variables descriptives générales : ce mode de définition du corpus s'impose lorsqu'on ignore l'univers de référence dont il faudrait extraire le corpus, et lorsqu'on ne peut préjuger des dimensions structurantes des comportements et des représentations à étudier.

Retour sur la condition ouvrière (Beaud, Pialoux, 1999)

Dans cette enquête de longue durée et de type monographique qui visait à embrasser différentes dimensions de l'espace social (école, travail, habitat, consommation, etc.), les auteurs, pour résister à la « tentation permanente de réification des groupes sociaux », ont voulu saisir « derrière l'ouvrier productif ou militant », « le père de famille, le citoyen, le responsable d'association, le supporter de football, le consommateur ». En d'autres termes, ils ont pris garde de ne pas définir *a priori* l'univers de référence susceptible de caractériser la condition ouvrière. Ils ont donc diversifié leur corpus en interviewant des ouvrières et des ouvriers, militants ou non, voisins, habitants du quartier, rencontrés dans une association ou de façon impromptue, sans préjuger d'aucun critère de pertinence (p. 431-442).

Outsiders. Études de sociologie de la déviance (Becker, 1985)

Les fumeurs de marijuana interrogés par Becker n'ont pu être sélectionnés selon des variables spécifiques dans la mesure où, par hypothèse (Becker postule que l'habitude de fumer pour le plaisir n'a pas de déterminants exogènes mais se construit à partir d'elle-même), personne ne connaît l'univers dont il faudrait extraire un tel corpus. La diversification s'est faite à partir d'une donnée contingente (la moitié des cinquante fumeurs interrogés sont musiciens), et à partir de variables de milieux sociaux (ouvriers qualifiés ou non, membres de professions libérales).

3.2 Les modes d'accès aux interviewés

Parallèlement à la définition du corpus, il faut en prévoir le mode d'accès. Cette programmation doit répondre à une double exigence : pratique et de neutralité. On peut distinguer les modes d'accès directs et les modes d'accès indirects.

Les modes d'accès directs

Ce sont les modes d'accès les plus neutres mais il n'est pas toujours possible de les mettre en œuvre. Soit on utilise des fichiers existants, soit on s'en passe et l'on recherche directement le contact (face-à-face ou porte-à-porte). Par fichiers, on n'entend pas seulement les fichiers de clients ou d'administrés (listes électorales, abonnés au téléphone, etc.) mais les avis ou annonces publiés dans la presse ou dans les espaces publics. Les listes électorales peuvent être utilisées par exemple pour les enquêtes sur l'habitat, le mode de vie, et plus généralement pour toutes les enquêtes à thème large qui n'exigent pas une population *a priori* très ciblée (à condition toutefois de pouvoir faire un nombre suffisamment élevé d'interviews, et de ne pas avoir besoin d'une diversification particulière). On peut utiliser des listes nominatives spécifiques (lauréats de prix ou de concours, petites annonces, annuaires professionnels, etc.). Lorsque l'objet est lui-même bien défini, le face-à-face dans des lieux fréquentés (queues de cinéma, universités, gares, entreprises, jardins publics, salles d'attente, etc.) peut être opératoire, mais suppose un entretien rapide et un sujet peu introspectif. Le porte-à-porte, en revanche, permet un entretien prolongé sur des thèmes plus impliquants.

Ces modes d'accès ont l'avantage d'être neutres dans la mesure où ils ne sont pas médiatisés par la présence d'un tiers, mais leur efficacité peut être limitée par la distance sociale entre enquêteur et enquêté. L'expérience montre néanmoins que l'accueil le plus réticent ne préjuge en rien de la suite de l'entretien qui peut se révéler particulièrement fructueux.

Les modes d'accès indirects

Les modes d'accès indirects passent, à l'inverse des précédents, par l'entremise de tiers, institutionnels ou personnels. Ils ont l'avantage d'être plus contraignants pour l'interviewé, et l'inconvénient de n'être pas neutres, dans la mesure où la demande de l'enquêteur (qui est une demande de recherche) se double d'une demande tierce (amicale, sociale, institutionnelle) pouvant brouiller le cadre contractuel de communication[1]. Ils sont essentiellement employés pour leur sélectivité, lorsque l'on veut accéder à une population spécifique qui n'est pas localisée, lorsque l'on veut atteindre une population localisée sur des critères extérieurs à ce qui la constitue, ou tout simplement pour maximiser les chances d'acceptation.

• *La méthode de proche en proche*

La méthode de proche en proche consiste à demander à un premier interviewé potentiel de désigner d'autres interviewés puis de faire la chaîne. Ce dispositif repose donc essentiellement sur la mobilisation de relations sociales. Très opératoire lorsque l'on doit faire un petit nombre d'entretiens, il exige que l'image de l'intermédiaire, aux yeux de l'interviewé, soit repérée, et qu'il y ait le moins de rétroactions possible dans la relation, ne serait-ce que pour limiter les effets de censure.

Outsiders. Études de sociologie de la déviance (Becker, 1963).

Ainsi, Becker, pour entrer en contact avec les fumeurs de marijuana, utilise son propre réseau de musiciens pour amorcer la chaîne. « J'étais à l'époque musicien de jazz professionnel depuis quelques années. J'ai donc d'abord interviewé des gens que j'avais rencontrés dans le monde de la musique. À ma demande, ils me mirent en contact avec d'autres fumeurs qui acceptaient de discuter avec moi de leurs expériences » (p. 67).

• *Les informateurs-relais*

La méthode de proche en proche suffit lorsque la probabilité de rencontrer les sujets choisis dans un réseau familier est suffisamment grande. Mais si ce réseau ne suffit pas à fournir l'effectif requis en un temps suffisamment ramassé, le recours à des relais plus socialisés devient nécessaire.

Ces informateurs-relais sont des personnes que l'on sait intégrées au cœur de réseaux sociaux plus vastes (personnels municipaux, de l'Éducation nationale, responsables d'association...) et en mesure d'indiquer le

1. Pour cette même raison il est généralement déconseillé d'interviewer directement ses proches, sauf à être en mesure de soutenir et de contrôler un cadre de communication clair (*cf.* chap. 3, § 1.2).

nom et l'adresse des personnes potentiellement concernées par l'enquête. Ces informateurs-relais sont suffisamment au contact de leur population pour pouvoir ménager une introduction, mais en même temps assez distants pour que les répondants ne soient pas placés dans un rapport d'obligation. Le biais réside alors dans les critères de notoriété sur lesquels les informateurs-relais s'appuient pour désigner les interviewés.

• *Les relais institutionnels*

On peut être amené à faire intervenir des relais institutionnels pour accélérer la démarche et, en personnalisant les contacts, favoriser les chances de succès. Si, du point de vue de l'efficacité, la méthode est payante, du point de vue de la neutralité elle n'est pas sans danger. Les relais institutionnels sont plus ou moins coercitifs selon l'objet et le terrain d'enquête. On peut recourir à ce type d'introduction pour accéder plus facilement aux interviewés – envoyer une lettre aux locataires d'un immeuble s'autorisant de l'organisme HLM pour obtenir des rendez-vous, par exemple – ce qui d'un côté augmente les chances de réponse, mais de l'autre peut fausser le poids relatif des acceptations, en toute hypothèse liées à de bons rapports avec l'institution. Mais lorsque l'on étudie l'institution elle-même, les relais deviennent des passages obligés pour obtenir l'autorisation d'enquêter. Et là, selon le type d'institution en cause, les voies d'accès seront plus ou moins dirigées et contrôlées.

Manœuvres scientifiques en terrain militaire (Bruneteaux, 2005)

Dans cette enquête sur la modernisation des institutions coercitives, l'enquêteur qui souhaitait interviewer les personnels de centres d'instruction de gendarmerie devait pénétrer un univers bureaucratique « particulièrement réticent à livrer des informations sur son mode de fonctionnement » (p. 110). Pour approcher les forces de l'ordre, il fit donc une visite au SIRPA[1] de la gendarmerie, où l'un des responsables le mit en contact avec un officier du corps « perçu par ses pairs comme l'intellectuel le plus reconnu » (p. 109). C'est par l'intermédiaire de cet officier qui deviendra « le » contact

1. Service d'information et de relations publiques des armées.

du chercheur, que ce dernier put accéder aux archives de l'organisation puis entamer son enquête ethnographique à l'intérieur des centres d'instruction. Le « détour » par les archives ou les services de communication s'avère en effet souvent non seulement nécessaire, mais instructif pour la suite de l'enquête. Ce n'est que muni de l'autorisation de l'officier-contact qui l'accompagnera lors de sa première visite, que l'enquêteur put accéder aux centres d'instructions et s'y faire admettre. Pour contrecarrer les voies d'accès pyramidales qu'une organisation fortement hiérarchisée oblige à emprunter et déjouer « l'ouverture segmentée » du terrain, l'enquêteur dut alors diversifier au maximum les occasions et les situations de contact, des plus formelles – assister aux visites de groupes, être présent aux heures de classe – aux plus relâchées – « prendre du bon temps au bar » après un exercice fatiguant lorsque « tout le monde s'affalait ostensiblement sur les canapés et cherchait à blaguer » (p. 115).

• *Diversification des canaux*

Le Monde privé des ouvriers. Hommes et femmes du Nord (Schwartz, 1990).

C'est ainsi que Olivier Schwartz, combinant l'observation participante à l'enquête par entretien, a pu mobiliser toute une palette de canaux d'accès : associations de locataires, voisinage (l'enquêteur habitait sur place), porte-à-porte, participation à des actions communes, dans le but de les faire évoluer « vers une communication perméable à des niveaux privatisés de l'existence » (p. 39).

L'acceptation et le refus d'être interviewé

Comme dans toute enquête, se pose le problème des refus. Ceux-ci peuvent être indépendants de l'enquête, mais non aléatoires (refus de toute enquête, retrait lié au sexe, à l'âge, à la position sociale...). Ils ne sont donc pas sans conséquences sur les résultats de l'enquête, mais impossibles à contrôler. Si les refus sont liés au thème de l'enquête, ils ne sont pas toujours contrôlables, encore que plus aisés à interpréter que les précédents. On peut en particulier inférer des acceptations le sens des refus. Ainsi, le refus d'être interviewé sur l'hospitalité peut être lié à

l'expérience d'une cohabitation litigieuse, ce qui doit alerter sur la possibilité d'une sur-représentation d'expériences réussies dans le corpus. Cependant, l'analyse des motifs d'acceptation des entretiens et des bénéfices qu'en retirent les enquêtés montrent que ceux-ci sont d'autant plus grands que le sujet traité est *à la fois* traumatique et peu abordé dans l'entourage immédiat de l'interviewé. Une enquête réalisée auprès d'interviewés ayant participé à une recherche sur la migration des Canadiens à l'intérieur du pays montre en effet que l'accueil de l'enquêteur était fortement favorisé par le secret dans lequel restaient confinés les aspects perturbateurs d'une mobilité économique considérée *a priori* comme positive. L'acceptation de l'entretien répondait ainsi à un besoin de reconnaissance et de légitimité, et ses bénéfices correspondaient à une validation de l'expérience vécue (Hiller et DiLuzio, 2004). Ces éléments relatifs à l'objet de l'enquête, quand ils peuvent être anticipés, n'empêchent pas, pour maximiser les chances de rendez-vous, de veiller en toute circonstance à établir la communication à bon escient :
– si la prise de contact se fait par lettre, l'adresser à l'endroit adéquat (lieu de travail, domicile, etc.), au bon moment (ni trop tôt ni trop tard par rapport à la date souhaitée), et faire suivre, le cas échéant, cette lettre d'un rappel téléphonique ;
– si le contact s'établit directement, choisir des horaires commodes pour l'interlocuteur, tout en essayant de maintenir ses exigences (prendre un rendez-vous en soirée si l'on souhaite interroger un conjoint actif plutôt que d'accepter un rendez-vous en cours de journée avec le conjoint au foyer). Cela signifie, en tout état de cause, tenir l'objectif et accommoder les modalités.

La rémunération des entretiens

La rémunération des entretiens reste peu pratiquée en France. Cette question dépend, d'une part, du statut de l'enquêteur, d'autre part, de celui de l'enquêté. Si l'enquêteur est un étudiant, *a fortiori* lorsque sa recherche n'est pas financée, il est censé opérer dans le cadre des échanges gratuits de la transmission du savoir. Lorsqu'il appartient à un organisme et reçoit une contrepartie financière pour son travail d'enquête, la relation devient plus déséquilibrée si l'enquêté n'est pas rémunéré. Le principe de la non rémunération sera néanmoins accepté dans la mesure où, financée dans le cadre d'un organisme public, l'enquête est censée produire un savoir profitable à l'ensemble de la société. Mais il le sera moins aisément lorsque l'enquêteur est recruté par un organisme privé pour un travail dont ce dernier sera le bénéficiaire exclusif. Le statut de l'enquêté intervient, lui aussi, dans le choix de la rémunération : celle-ci sera d'autant plus admissible que le décalage est important entre son apport et sa situation. C'est le cas notamment de populations particulièrement démunies dont le concours a des retombées avantageuses pour la société : personnes de milieux marginaux et défavorisés interrogés sur les pratiques sexuelles à risque dans le cadre d'enquêtes destinées à favoriser la prévention du Sida ; malades soumis à des protocoles thérapeutiques de recherche de longue haleine, etc.

3.3 Le plan d'entretien

Parallèlement à la préfiguration du corpus et du mode d'accès aux interviewés, il convient de concevoir le plan des entretiens. Le plan comprend à la fois l'ensemble organisé des thèmes que l'on souhaite explorer (le guide d'entretien) et les stratégies d'intervention de l'interviewer visant à maximiser l'information obtenue sur chaque thème. Le plan d'entretien est donc à l'interface du travail de conceptualisation de la recherche et de sa mise en œuvre concrète. Son élaboration constitue une étape supplémentaire dans le processus d'objectivation qui va se poursuivre durant la campagne d'entretiens et l'analyse des discours.

Le guide d'entretien

C'est un premier travail de traduction des hypothèses de recherche en indicateurs concrets et de reformulation des questions de recherche (pour soi) en questions d'enquête (pour les interviewés). Le degré de formalisation du guide est fonction de l'objet d'étude (multi-dimensionnalité), de l'usage de l'enquête (exploratoire, principale ou complémentaire) et du type d'analyse que l'on projette de faire.

C'est ainsi que l'on peut distinguer les entretiens à structure faible ou forte. Le choix de l'un ou de l'autre de ces types dépend de la connaissance de la situation que l'on veut analyser.

L'entretien peu structuré s'emploie lorsque cette connaissance est faible (entretiens exploratoires), alors que l'entretien structuré s'emploie lorsque l'on dispose d'informations plus précises sur le domaine étudié et sur la façon dont il est perçu et caractérisé (enquête principale ou complémentaire). La réalisation d'un guide d'entretien suppose une démarche itérative entre la conceptualisation des questions et leur mise à l'épreuve dans l'entretien. Cette confrontation des idées avec les données s'effectue elle-même lors d'entretiens-tests.

• *L'entretien peu structuré*
Il suppose la préparation de deux éléments : la formulation d'une consigne[1] et la préfiguration d'axes thématiques. L'entretien peu structuré vise à dégager une première communauté de sens entre l'enquêteur et l'enquêté. Il est aussi l'occasion pour se familiariser avec le vocabulaire et les codes verbaux des milieux étudiés, et une étape nécessaire à la formulation des relances du guide d'entretien principal.

Le Sens de l'hospitalité. Essai sur les fondements sociaux de l'accueil de l'autre (Gotman, 2001)

Dans la phase exploratoire de cette recherche, il s'agissait d'explorer les répercussions personnelles, domestiques et familiales de l'hébergement d'un tiers, en allant du niveau factuel au niveau réflexif, et en suivant une progression narrative et chronologique favorable au déploiement d'un discours-découverte. La consigne initiale était la suivante : « Vous avez hébergé [votre neveu, un réfugié…] pendant plusieurs mois. Pouvez-vous me dire comment ça s'est passé ? ». Il s'agissait alors de laisser l'interviewé s'exprimer le plus librement possible tout en reprenant les points significatifs susceptibles de faire émerger les significations associées à cet hébergement et à son contexte.

Cette enquête exploratoire a permis de préciser les opérateurs et les indicateurs utiles à l'élaboration du guide d'entretien. Elle a aussi révélé

1. On appelle consigne l'instruction de l'interviewer qui définit le thème du discours attendu de l'interviewé.

une hypothèse qui n'avait pas été anticipée, sur les implications familiales provoquées par l'hébergement, lequel met en relation les protagonistes directs de l'hospitalité et leurs familles « d'origine », et celles-ci avec ce qui devient la famille « d'adoption ».

• *L'entretien structuré*
Il suppose, quant à lui, la formulation d'une consigne, la constitution d'un guide thématique formalisé et l'anticipation de stratégies d'écoute et d'intervention.

Dans la recherche sur l'hospitalité, la confrontation des entretiens exploratoires avec les hypothèses de départ a permis d'aboutir à la formulation d'un guide hiérarchisé selon des thèmes, des opérateurs et des indicateurs. Nous en présenterons ici un fragment, dans lequel les thèmes sont indiqués en petites majuscules, les opérateurs en caractères minuscules gras et les indicateurs entre crochets :

Consigne initiale :

« Vous avez hébergé [votre neveu, un réfugié…] pendant plusieurs mois. Pouvez-vous me dire comment ça s'est passé ? »[1]

Guide thématique
(série des thèmes à explorer au cours de l'entretien)

LES CIRCONSTANCES INITIALES DE L'HÉBERGEMENT
– **Circonstances** [événements déclencheurs, liens avec l'hôte]
– **Prise de décision** [protagonistes, discussions, résolutions…]
– **Réactions de l'entourage** [famille proche, amis, collègues]

1. Le terme « hébergement » a été employé de préférence à « hospitalité », ce dernier à la fois plus abstrait, plus général et chargé de connotations morales risquant d'induire des énoncés trop normatifs ; une question sur « l'hospitalité » de la personne interviewée a été en revanche posée en fin d'entretien lorsqu'elle n'était pas spontanément abordée par l'interviewé (« Être hospitalier, pour vous, c'est quoi ? »), qui permettait d'explorer et de confronter les termes de l'échange réel et idéal (sacrifices, contreparties attendues).

LA MISE EN PLACE DES TERMES DU CONTRAT

– **Arrangements pris de part et d'autre** [chambre, rangements à libérer, autres dispositions – aide scolaire, soins, autres ; contreparties matérielles, autres]

– **Les débuts** [premiers souvenirs, étonnements, décalages, premiers désagréments ; ce qui a surpris, dérangé, déçu]

– **Attitudes et réactions non prévues** [chez l'hôté, dans le groupe familial] ; ce qui a perturbé les hôtants, et leurs explications [différence de milieu social, de comportement, autre]

L'ORGANISATION DE L'HÉBERGEMENT ET LES RÈGLES DE LA VIE COMMUNE

– **Durée du séjour** [limitée, illimitée]

– **Accès aux différents espaces de la maison, conventions d'horaires** [clés, cuisine, séjour, téléphone et répondeur, télévision, espace fumeur]

– **Accompagnement, suivi, contrôle de la vie de l'hôté, au dehors** [études, loisirs]

– **Contribution aux services domestiques** [linge, ménage, approvisionnement, préparation des repas]

– **Participation à la vie familiale et sociale des adultes, des enfants, de la famille et de ses proches** [ritualisée, régulière, occasionnelle ; en famille, en présence d'invités, pour les sorties]

PLACE DANS LA MAISON, DANS LA FAMILLE

– **Préséances, rôles** [autorisations, délégations, substitution entre adultes et avec les enfants ; étendue et limites de la prise en charge personnelle, économique de l'hôté ; impact de la présence de l'hôté sur la vie intrafamiliale]

– **Autonomie** [accès libre ou contrôlé de l'hôté à la centrale domestique ; droit de recevoir de l'hôté ; obligations, restrictions imposées à l'hôtant ; changements d'habitudes, transformations personnelles introduits à la suite de ce séjour]

– **Gratuité** [distributions d'affectivité, amitié, de cadeaux, hiérarchisation et réciprocité des échanges ; ce que l'on a donné et ce que l'on a reçu ; bénéfices pour l'hôté]

L'HOSPITALITÉ DANS LA DURÉE, FIN DE L'HOSPITALITÉ

– **L'intégration et ses étapes** [conflits de territoire et intimité, confiance et défiance, problèmes relationnels avec l'hôté, entre hôtants, prises de distance, manifestations de rejet]

– **Retour sur les craintes, les préventions et les espoirs initiaux** [exemples marquants, expériences passées ou de référence et significations – engagement, tradition, quête personnelle... ; différences et points communs avec l'expérience présente]

– **Jugements et perceptions réciproques de l'hôtant et (supposées) de l'hôté**

– **Fin de l'expérience** [circonstances, décalages entre les critères de l'hôtant et de l'hôté]

– **Bilan** [devenir des relations avec l'hôté après la fin de l'hospitalité, si c'était à recommencer ?]

Le guide d'entretien se distingue ainsi du protocole du questionnaire dans la mesure où il structure l'interrogation mais ne dirige pas le discours. Il s'agit d'un système organisé de thèmes, que l'interviewer doit connaître sans avoir à le consulter, à le suivre ni à le formuler sous forme de questionnaire. En effet, ce guide a pour but d'aider l'interviewer à *improviser* des relances pertinentes sur les différents énoncés de l'interviewé, au moment même où ils sont abordés. Cette technique permet donc, du moins en principe, à la fois d'obtenir un discours librement formé par l'interviewé, et un discours répondant aux questions de la recherche.

Stratégies d'intervention

Le guide d'entretien étant construit, il convient de préparer les types d'intervention adaptées à l'usage du guide (qui ne sont donc pas à confondre), les types de discours attendus et les modes de relance[1]. Toute cette préfiguration s'effectue à partir des entretiens exploratoires.

1. On appelle relance toute intervention de l'interviewer qui est une paraphrase ou un commentaire de l'énoncé précédent de l'interviewé.

Dans une recherche menée aux Pays-Bas sur le comportement sexuel d'immigrants marocains face au Sida, l'enquêteur devait susciter une production discursive exigeant d'importants « changements de région » (Gelder van, 1996). L'énonciation des pratiques sexuelles ressortissent en effet non seulement de la sphère intime, mais des sphères religieuse, sociale et médicale. Les entretiens exploratoires devaient ainsi faire apparaître différents registres d'énonciation[1]. Le premier était géographique : les hommes interrogés, originaires de la région nord du Rif, rappelèrent à maintes reprises que là, contrairement aux grandes villes, les relations (approche, accord et après coup) étaient relativement cachées. Au sein même de cette aire langagière, apparurent cinq registres d'énonciation différents : le mode respectable et instruit, aligné sur le langage littéraire et religieux ; le mode socio-médical adoptant la terminologie européenne des campagnes de prévention ; le mode usuel décent, parlé dans la vie quotidienne entre tiers et aussi pour initier une relation ; un parler de rue indécent pratiqué en bandes par les jeunes, en arabe ou en berbère ; enfin un mode impudent et abusif, réservé à l'insulte d'un tiers ou à la bagarre entre partenaires. Le choix de l'un ou l'autre de ces registres était crucial selon le type d'entretien réalisé (informel ou formel, seul ou à plusieurs, dans un lieu public ou privé). Il l'était également pour la formulation de la consigne et des relances, et leurs effets sur les énoncés produits (*cf.* chap. 3).

La phase de préparation anticipe la réalisation des entretiens. Elle permet donc de prévoir et d'organiser les différentes étapes de leur déroulement.

L'identification des stratégies discursives peut aussi structurer l'analyse finale des entretiens. L'auteur de cette enquête s'est en effet appuyé sur l'inventaire des références recueillies et leur usage raisonné dans le cours de l'enquête pour dégager les significations de la sexualité pour les immigrants marocains du Rif : il mit en évidence trois modes de « parlabilité » sur la sexualité[2], associés chacun à une interprétation diffé-

1. Il s'agit de la parlabilité avec un tiers et non entre les protagonistes directs, de codes référentiels et non pas modaux.
2. Ces modes discursifs s'écartaient ainsi du mode « confessionnel » mis en évidence par Foucault.

rente de la sexualité : la sexualité pour le mariage et la procréation (discours « honteux ») ; la sexualité en tant qu'« amour » (discours affirmé sur la relation, fermé aux questions sur les pratiques) ; la sexualité comme « folie » masculine (discours enjoué, démonstratif voire exubérant et détaillé sur des pratiques sexuelles valorisantes).

LA RÉALISATION DES ENTRETIENS

Les fondateurs de l'entretien appliqué à l'enquête (Roethlisberger et Dickson, 1943) tel que nous le concevons aujourd'hui n'étaient pas très précis sur les principes généraux et conseils techniques susceptibles de guider l'action de l'interviewer.

Concernant les principes généraux, ces auteurs mettaient l'accent sur l'écoute du discours de l'interviewé. L'interviewer devait interpréter ce que lui disait l'interviewé selon le contexte discursif ; son attention devait se détourner du niveau strictement informatif et s'intéresser particulièrement au niveau intentionnel du discours.

Concernant les conseils techniques pour la conduite des entretiens, ils insistaient surtout sur l'attitude générale de l'interviewer. Ce dernier devait être patient, bienveillant, parfois intelligemment critique, non autoritaire ; il ne devait pas conseiller, juger, ni discuter avec l'interviewé. Il devait intervenir pour aider l'interviewé à parler, dissiper ses inquiétudes, encourager l'expression fidèle et précise de ses pensées et sentiments, aiguiller le discours sur les points oubliés ou négligés, soutenir l'émergence de l'implicite et susciter si nécessaire l'explicitation. Ces principes et conseils, la plupart redevables à la psychologie clinique relevaient du bon sens et de l'application d'un modèle clinique forgé pour un autre usage que le recueil de l'information.

Deux types d'orientations se sont développées depuis. La première, empirique, s'inspire du modèle de la sociabilité amicale de Simmel qui repose : a) sur une convention d'égalité entre les protagonistes ; b) sur l'acceptation de l'affectivité et sa manipulation (le tact). Établir l'égalité en situation d'interview suppose le « rejet hors de la conscience immédiate de tous les attributs, objectifs et subjectifs, de l'individu qui contribuent aux inégalités de la vie quotidienne » (Hughes, 1996, p. 286). Par ailleurs, plus que l'affectivité, l'interviewer est censé accueillir et favoriser l'expression de son interlocuteur. À partir de ce cadre général, ce sont les études de cas qui fournissent l'essentiel des conseils techniques applicables en situation et qui déclinent, en particulier, les moyens de traiter avec les différentes configurations d'inégalité de statut entre interviewer et interviewé.

Ainsi en va-t-il de la relation genrée dont la structure hiérarchisée croise ou redouble la hiérarchie enquêteur-enquêté – un homme interviewé par une femme, par exemple, tendra à reprendre à son compte la « prise en charge » de l'entretien. Les différences d'âge et de position sociale interviennent aussi : interviewer des adolescents marginaux exige de l'interviewer qu'il soit particulièrement attentif à ne pas renforcer la position de défi dans laquelle tendent à s'installer les interviewés. Un interviewé peut aussi jouer de sa supériorité de « local » sur l'interviewer « non local » et, ce faisant, déjouer sa supériorité de « professionnel », mais, inversement, l'interviewer « étranger » pourra se prévaloir de sa qualité d'étranger pour forcer des portes que le chercheur local parviendrait plus difficilement à franchir. Face à un dirigeant affirmant sa supériorité en « s'adressant », non à l'interviewer lui-même, mais aux commanditaires de l'enquête et à ses supérieurs, l'interviewer devra en revanche affirmer sa compétence ; de même devra-t-il passer outre la « hiérarchie de crédibilité » propre au responsable d'une organisation pour accéder à des informateurs d'échelon inférieur jugés moins « crédibles » par ce dernier (Becker, 2002, p. 153). L'interview de proches et de familiers, quant à lui, risque de freiner les demandes d'informations (censées connues de l'interviewer), d'inhiber des demandes d'explicitation susceptibles de révéler des différences ignorées par les protagonistes, et d'empêcher le recours aux astuces du « professionnel ».

Parallèlement à cette approche empirique des situations d'entretien qui délivre les « ficelles du métier » à partir d'études de cas, l'ouvrage de Gorden (1969) qui, lui aussi, rapporte la technique de l'entretien à un problème d'*attitude*, propose une approche méthodologique de l'entretien fondée sur l'idée d'une programmation des stratégies et des tactiques envisagées.

Les stratégies d'interviews sont définies par cet auteur comme la planification de la situation : elles incluent une intrigue (le thème et l'objectif), une scène (le temps, le lieu et la définition de la situation) et une distribution (les différents acteurs).

Les tactiques d'interviews prévoient l'usage d'un guide d'entretien plus ou moins structuré, l'adoption d'attitudes particulières, la formulation de questions adaptées, etc.

Gorden envisage la planification de l'entretien à la manière d'une opération militaire de pénétration d'un territoire : évitement de toute menace contre « la personne » de l'interviewé, respect des convenances, repérage des confusions chronologiques, etc. Simultanément, la gestion de la relation à l'interviewé sera facilitée par une demande de coopération et la reconnaissance de sa personne

Comme Gorden, nous pensons que le statut technique de l'entretien dépend de notre capacité à en anticiper les différents paramètres. Mais ceux-ci incluent, outre les effets de facilitation d'expression du discours de l'interviewé, le type de discours attendu et le type d'intervention envisagée.

1. Les paramètres de la situation d'entretien

Parmi l'ensemble des paramètres qui interviennent dans l'élaboration et le déroulement de la situation d'entretien, trois niveaux hiérarchiques de contextes peuvent être déterminés : l'environnement matériel et social, le cadre contractuel de la communication et les interventions de l'interviewer.

Le rôle de ces trois paramètres tient au fait que l'entretien est toujours un rapport social, une situation d'interlocution et un protocole de recherche. C'est la prise en compte de cette triple dimension qui dicte les principes de fonctionnement de l'entretien. C'est dans cette superposition que réside la difficulté de l'entretien puisque l'on doit simultanément soutenir une relation sociale dialogique et une interrogation sur le fond.

1.1 L'environnement

Le cadre extérieur commande en partie le déroulement de l'entretien. De nombreux paramètres rendent compte de ce qui constitue en fait la situation matérielle et sociale de l'entretien.

Selon la métaphore théâtrale utilisée par de nombreux auteurs, les paramètres de l'environnement sont : la programmation temporelle (unité de temps), la scène (unité de lieu) et la distribution des acteurs (unité d'action).

La programmation temporelle

La programmation temporelle définit la tranche horaire de l'entretien et notamment la façon dont il s'inscrit dans la séquence des actions quotidiennes des interviewés. L'influence de ce moment d'insertion temporelle de l'entretien dans la quotidienneté s'exerce à travers la contamination du discours par les représentations et actions précédentes. La prégnance de ce facteur dépend de la capacité des partenaires à s'abstraire des situations antérieures.

Ainsi, outre le fait que l'heure et la date d'un entretien doivent être choisis pour maximiser la disponibilité de l'interviewé, ce paramètre temporel peut avoir, dans certains cas, une importance particulière. Pour étudier le phénomène de 1'ennui des femmes dans les grands ensembles, Huguet (1976) réalisait ainsi ses entretiens l'après-midi entre 14 h 30 et 16 h (après la vaisselle et avant 1'arrivée des enfants), de sorte que la plage horaire choisie corresponde à un temps où l'ennui habituellement s'installe. Les femmes étaient interviewées dans des conditions susceptibles de maximiser la verbalisation d'un sentiment diffus d'épaisseur du temps, coextensif d'un moment d'inactivité ménagère.

La scène

La scène est caractérisée par la définition des lieux (le décor et ses significations sociales) et la configuration des places (les positions occupées par les partenaires de l'entretien).

Chaque lieu communique des significations qui sont susceptibles d'être mises en acte dans le discours de l'interviewé. Ainsi, n'est-il pas indifférent d'interviewer un cadre d'entreprise dans son bureau ou chez lui, ou dans le bureau de l'interviewer. La situation commande des rôles et des conduites spécifiques. Dans son bureau, l'interviewé s'inscrit davantage dans un rôle professionnel qui facilite la production d'un discours soutenu et maîtrisé sur des thèmes opératoires. À son domicile, la prégnance des lieux favorise un discours centré sur la vie quotidienne et facilite une prise de distance propice à l'évaluation du parcours professionnel. Dans le bureau de l'interviewer, l'entretien sera davantage marqué par ce que les lieux traduisent de l'intentionnalité professionnelle de l'interviewer.

Une recherche a été réalisée (Blanchet et Blanchet, 1992) pour éprouver l'effet du facteur environnement sur la construction discursive d'enfants interviewés en milieu scolaire, dans trois espaces scolaires : la classe, le cabinet médical et la cour, l'hypothèse étant que l'environnement spatial et matériel était susceptible d'influencer à la fois le contenu et le style du discours produit.

Le dispositif expérimental comportait trois groupes de cinq enfants. Chaque enfant, désigné au hasard parmi ceux qui se portaient volontaires, était interviewé individuellement le vendredi, à 16 heures.

L'entretien était conduit de manière identique dans chacun des lieux.

Chaque enfant répondait aux mêmes consignes du même interviewer, suivies des mêmes relances.

Première consigne : « J'aimerais que tu me dises ce que c'est pour toi l'école »
relance 1 : et puis
relance 2 : oui et puis
relance 3 : quoi encore
relance 4 : qu'est-ce qu'on peut dire encore sur (le thème)
relance 5 : quelles idées tu as encore sur (le thème).

Deuxième consigne : « Maintenant, j'aimerais que tu me parles des amis à l'école »
mêmes relances

Troisième consigne : « Maintenant, j'aimerais que tu me parles du travail à l'école »
mêmes relances

Quatrième consigne : « Et maintenant, j'aimerais que tu me parles de ta maîtresse »
mêmes relances

Les résultats ont montré que, dans la cour, les enfants étaient plus prolixes et les phrases plus longues, les thèmes se référaient aux activités ludiques, les propositions s'enchaînaient les unes aux autres par de nombreux joncteurs qui soulignaient la logique de leur propos, une idée s'ajoutant à une autre, marquant ainsi un style associatif et narratif.

Dans la classe, les enfants étaient très vite démunis de propos, préférant répondre « je ne sais pas » ou ne pas répondre. Leur discours était émaillé de thèmes se référant aux activités scolaires. Le bureau médical, lieu plus intime invitant à la confidence, induisait des discours d'expression de sentiment, caractérisés, entre autres, par un faible taux de verbes d'action.

En corrélation avec les lieux, les places occupées par les protagonistes sur la scène de l'entretien agissent pour faciliter l'émergence de certains discours. Chacun peut se rendre compte que la symétrie ou l'asymétrie des positions est déterminante dans une conversation comme dans un entretien. L'entretien se déroule-t-il de part et d'autre d'un bureau, en face à face, de trois-quart face, côte à côte sur un canapé, etc., chaque position comporte des significations associées qui interfèrent avec le déroulement de l'entretien.

Certes, la multiplicité des environnements, des situations et des combinaisons possibles ne permet pas d'établir une typologie opérationnelle. Pourtant, si l'on considère le premier critère qui permet de distinguer l'entretien de recherche des autres types d'entretiens (thérapeutique, de conseil, etc.), à savoir : qui est demandeur et bénéficiaire de l'entretien ?, le fait que la demande émane de l'interviewer est nécessairement congruent avec la démarche qui consiste pour ce dernier à se rendre dans l'environnement familier de l'interviewé (alors qu'à l'inverse, les consultations supposent le plus souvent le déplacement de l'interviewé vers l'environnement professionnel de l'interviewer). Faire venir l'interviewé impose une double contrainte qui accuse le déséquilibre entre contractants et rend les interventions de l'interviewer plus difficiles à interpréter pour l'interviewé. Cette option peut, en revanche, être délibérément choisie lorsque la situation le demande (lorsque l'interviewé se sent plus « libre » en dehors de chez lui pour aborder les problèmes du chez soi, par exemple), et à condition que les paramètres de la situation soient explicités.

La distribution des acteurs

La distribution concerne les caractéristiques physiques et socio-économiques des partenaires. On a fait référence à l'influence du sexe, de l'âge, de la position sociale, etc., des protagonistes dans l'entretien, et leurs effets sur les représentations que l'interviewé se fait de son rôle dans l'entretien.

Les configurations *a priori* les plus favorables à la production de discours sont celles qui se rapprochent le plus des situations courantes de forte proximité (rapport de séduction, conversation entre amis, demande d'aide à un conseiller…). Cependant, si la proximité favorise la production d'énoncés « délicats », on a vu qu'entre interlocuteurs se comprenant à demi-mots, elle peut aussi dissuader l'interviewer d'explorer ce qu'il sait déjà (ou croit savoir). De manière générale, la proximité *sociale*, et non plus interpersonnelle, rend l'entretien plus aisé dans la mesure où interviewer et interviewé se situent dans un univers de référence partagé. Raison pour laquelle, d'ailleurs, les chercheurs, le plus souvent issus de classes moyennes, tendent préférentiellement à mener des enquêtes au sein des mêmes classes moyennes. Ce sont néanmoins les situations où la distance sociale est la plus accusée qui sont les plus éclairantes sur les *mécanismes généraux* à l'œuvre dans tout entretien, quoique de façon moins visible.

Enquêter sur les situations de marginalité

Associé aux segments sociaux qui se préoccupent, à des degrés divers, de comprendre les logiques sociales, l'enquêteur est *ipso facto* situé comme partie prenante, auxiliaire ou porteur d'un « projet sur » la société, comme une voix de sa rationalité. Qui plus est, parce qu'il a un emploi, même précaire, il est aux yeux de populations sans travail, par exemple, intégré à une institution dont ceux-ci sont exclus. Il est un « *in* » face à des « *out* ». Enquêter sur des situations marginales qui ne sont pas reconnues ou ne se reconnaissent pas dans les lois dominantes de la société place donc d'emblée l'enquêteur lui-même en position dominante. Que, par son enquête, il contribue à donner de la visibilité et de la « voix » aux populations qui en sont privées, il reste le passage obligé de cet « *empowerment* ». Il doit donc composer avec cette « hiérarchie de crédibilité » comme l'appelle Becker (2002), qui place l'interviewé en position défavorable. Première conséquence : l'acceptation de l'interview s'obtient plus facilement auprès de milieux fortement dépendants ou dépourvus d'autonomie, tenus, pour survivre, de construire une histoire acceptable et de plier leur

« cas » aux critères de « recevabilité » d'une aide à l'accès de laquelle l'enquêteur est, peu ou prou, considéré comme un agent direct ou indirect. Mais, deuxième conséquence, l'entretien lui-même aura toute chance de se mouler dans la « mise en récit stéréotypée des malheurs vécus » (Lanzarini, 1998, p. 161) qui légitime l'administration de l'aide sociale. « Lorsque le chercheur sollicite un entretien formel, il risque de ne recueillir que ces histoires préfabriquées et "condensées" destinées à légitimer les demandes adressées aux services sociaux », une « enfance difficile ponctuée de violences intra-familiales, de divorces et de séparations, de placements en institution, de fugues, d'actes de "petite délinquance" et de séjours en prison, parfois dès l'âge de 16 ans, d'échecs dans leur installation à leur "compte", de dettes auprès de diverses instances publiques ou privées, de chômage, de petits boulots et d'accidents de travail » (*ibid.*). Or, ces histoires sont « déformées », explique Lanzarini, à cause des trois tactiques discursives construites pour accéder aux services sociaux, à savoir : « l'enfermement dans des séquences répétitives, la dramatisation, l'artificialité de la mise en cohérence des histoires de vie » (*ibid.*), livrées indifféremment au « public », travailleur social ou sociologue.

L'enquêteur peut, en revanche, être mis en difficulté lorsqu'il enquêtera auprès de milieux marginaux ayant développé des tactiques d'autonomie. Il ne sera plus le « représentant » du monde dispensateur d'aide, mais celui d'une rationalité qui ne fait pas partie de l'univers de référence de l'interviewé. Lanzarini note la contradiction dans les termes que représente une demande d'entretien formel avec les conditions de vie de personnes « à la rue » en perpétuel mouvement – « "Ça me prend tout mon temps d'être pauvre" », explique un interviewé (*ibid.*, p. 160). Accorder un « temps statique » à un étranger fera perdre des clients à celui qui fait la manche, le mettra en retard pour retourner à l'hôtel de nuit, etc. Le contrat de conversation devient dès lors difficile à établir ; la demande d'interview soulève beaucoup d'agressivité, tandis que l'interviewé, plus souvent en groupe que seul, tentera de retourner la situation à son profit ou, faute de pouvoir en tirer quelque chose d'utile, réagira violemment à cette « relation sociale inutile » (*ibid.*, p. 158).

Labov (1978) évoque ce problème de la distance sociale trop grande entre interviewer et interviewé qui tend à inhiber la production discursive de l'interviewé. Pour parer à une inhibition qui ne vient pas de l'incompétence de l'interviewer, mais bel et bien du cadre contractuel de l'entretien qui vient redoubler la distance entre les positions sociales des protagonistes, les chercheurs enquêtant sur les enfants noirs de Harlem décident alors de changer le cadre de l'entretien. Ils apportent les modifications suivantes :

– L'interviewer apporte une provision de « chips ».
– L'interviewer amène avec lui le meilleur ami de l'enfant interviewé.
– L'interviewer réduit la disproportion des tailles en s'asseyant à même le sol.
– L'interviewer introduit des mots et des sujets tabous, montrant que l'on peut tout dire dans le micro sans risquer de punition.

Le cadre institué par l'interviewer crée un monde référentiel commun suffisant pour que l'enfant s'exprime et développe son discours. Cette nécessité d'instaurer un cadre dont l'interviewer est le seul garant s'impose de même lorsque ce dernier s'adresse à un interviewé appartenant à une couche sociale « supérieure ».

1.2 Le cadre contractuel de la communication

Ce cadre contractuel est, dès les premiers contacts, constitué par les représentations et les croyances mutuelles des interlocuteurs sur les enjeux et les objectifs du dialogue (Blanchet, 1991).

Pour instaurer un cadre contractuel initial, l'interviewer doit annoncer à l'interviewé les motifs et l'objet de sa demande, et garantir la confidentialité de l'entretien. Il doit répondre à deux questions souvent implicites :

– Pourquoi cette recherche ?
– Pourquoi cet interviewé ?

L'objet de la demande d'interview est défini par le thème à explorer et le type de participation attendue : type de questions et durée de l'entretien. La raison du choix de l'interviewé approché est définie par la population enquêtée – elle peut être énoncée dans le thème : enquêter sur tel quartier… –, et le mode d'accès à l'interviewé – tirage au sort sur tel fichier, recommandation d'un tiers, etc. De la clarté de cette présentation dépend la confiance nécessaire à l'établissement du dialogue. Quand le sujet s'y prête, elle sera énoncée dans une lettre annonçant la venue de l'enquêteur qui la réitérera oralement, en présence de l'interviewé et fournira, à sa demande, des explications complémentaires : nature de l'organisme chargé de l'enquête, statut du commanditaire, destination des résultats de l'enquête. C'est à ce moment-là également que l'interviewer précisera les conditions matérielles de l'entretien : demande d'un récit d'expérience, guidé mais de forme « libre », avec l'interviewé(e) seul(e) ou en présence du conjoint, si tel a été le choix de l'enquêteur, enregistré avec l'accord de l'interviewé.

Les principaux paramètres qui entrent en ligne de compte sont ainsi :

– l'objectif de l'entretien : soit la nature des informations à recueillir contenues dans le système de représentations de l'interviewé, narration, opinion ou raisonnement ;

– le choix de l'interviewé et en particulier le mode de prise de contact (connaissance commune ou non). Bézille (1985) montre que l'interviewé tend à se faire une représentation de l'interviewer, conforme à celle qu'il a de l'intermédiaire ;

– l'enregistrement ou non de l'entretien à l'aide d'un magnétophone, qui concrétise dans la relation duelle une présence tierce, et qui donne à l'interlocution une dimension d'exception ;

– le thème de l'entretien qui met en jeu l'expertise ou la non-expertise des interlocuteurs. Cette expertise est elle-même liée à deux dimensions : la familiarité du thème et son extensionalité. Lorsque le thème est familier à l'interviewé, celui-ci tend à se poser comme expert et à diminuer sa dépendance thématique à l'égard de l'interviewer : les représentations et raisonnements qu'il communique à l'interviewer font appel à une pensée déjà élaborée et à une mémorisation active. Le discours pré-construit est alors peu sensible aux mécanismes de l'interlocution.

Par contre, lorsque le thème n'est pas familier à l'interviewé, il parle en novice et tend à augmenter sa dépendance thématique et relationnelle vis-à-vis de l'interviewer ; les représentations et raisonnements qu'il communique sont labiles, parfois contradictoires ou étayés par analogie sur d'autres connaissances implicites. Le discours est instable et contingent, construit pour répondre à des questions inhabituelles.

L'extensionalité du thème se définit comme la propriété à référer à des objets du monde. Ainsi, la consigne « décrivez-moi votre quartier » définit un thème extensionnel, alors que la consigne « dites-moi ce que vous ressentez dans l'amitié » définit un thème non extensionnel. Lorsque le thème est extensionnel, le discours répond à une exigence de vérité ; par contre, lorsque le thème est non extensionnel, le discours répond à une exigence de sincérité ;

– le type d'acte demandé : la production d'un discours autonome de l'interviewé sur un thème donné implique une certaine dépendance (thème imposé) à l'égard de l'interviewer que l'un et l'autre semblent dénier (discours autonome), créant ainsi l'illusion partagée d'une parole libre. Mais l'interviewer est le garant du cadre contractuel de l'entretien. L'entretien est réalisé à sa demande et il est censé en connaître les raisons et la technique. L'interviewer doit soutenir cette position car il est le garant du cadre. L'entretien est une parenthèse dont seul l'interviewer est habilité à définir et maintenir les « accolades », toute complicité entre l'interviewer et l'interviewé étant dysfonctionnelle par rapport aux objectifs du dispositif. C'est à l'intérieur de ce cadre que l'interviewé garde l'initiative de son discours. En effet, dès lors que l'explication de l'interviewer aiguille l'interviewé sur le choix d'un cadre, il n'y a aucune raison de penser qu'en acceptant l'interview, l'interviewé ignore la pièce dans laquelle il joue. Quel que soit le motif d'acceptation de l'interview, l'enquêté se plie au minimum à un impératif psychologique, social, scientifique ou politique. Si, en revanche, il accepte pour le plaisir d'imposer son propre cadre, l'entretien sera le lieu d'une négociation du contrat de communication qui le rendra difficile à manier, voire ingouvernable, par l'interviewer.

Dès les premiers échanges, on observe combien le jeu de l'entretien repose principalement sur cette présence/absence du guidage thématique de l'interviewer selon les types d'intervention utilisés.

1.3 Les modes d'intervention

L'interviewer poursuit son objectif qui est de favoriser la production d'un discours sur un thème donné au moyen de stratégies d'écoute et d'intervention.

Les stratégies d'écoute

L'interviewer traite en temps réel l'information communiquée par l'interviewé. Ce traitement peut concerner trois types de questions :

– Qu'est-ce qu'il me dit des choses dont il parle (dimension référentielle) ?
– Qu'est-ce qu'il me dit de ce qu'il en pense (dimension modale) ?
– Qu'est-ce qu'il me dit de ce qu'il cherche à accomplir comme acte à mon égard (dimension illocutoire) ?

L'activité d'écoute de l'interviewer n'est pas assimilable à un acte d'enregistrement de données, elle est productrice de significations : elle met en œuvre des opérations de sélection, d'inférence, de comparaison par rapport aux objectifs de l'entretien. Elle est donc une activité de diagnostic. C'est elle qui remet en jeu tout le processus d'objectivation et de construction de l'objet amorcé pendant la préparation de l'enquête et qui se poursuit, ici, dans la phase de réalisation.

L'écoute, ainsi dirigée vers des objectifs, se trouve guidée par les hypothèses préalables de l'interviewer, explicites ou implicites. Cette activité cognitive consiste à acquérir des indices et à les interpréter, à produire des hypothèses et à les tester par de nouveaux indices ; elle implique ainsi un retour réflexif sur ses propres présupposés.

Dans l'entretien, l'interviewer construit ainsi une structure significative à partir de laquelle il imagine ses prochaines interventions. Celles-ci traduisent de manière approximative à l'interviewé l'opération d'écoute effectuée par l'interviewer.

C'est ce processus d'interaction et d'influence qui est au cœur de la problématique des effets de biais dans l'entretien. En effet, si l'écoute de l'interviewer, traduite par ses interventions, constitue la clé du sens de la réponse discursive de l'interviewé, on peut penser que l'explicitation des processus à l'œuvre dans cette activité d'écoute permettra d'interpréter correctement le discours de l'interviewé.

Supposons par exemple qu'un interviewer effectue toutes ses interventions au hasard, sans avoir fait auparavant le moindre diagnostic sur le discours de l'interviewé. Le discours de l'interviewé sera alors guidé par une structure significative construite par lui-même, mais ignorée par l'interviewer. Un discours dont on ignore le contexte dans lequel il s'inscrit est ininterprétable.

Imaginons, au contraire, qu'un interviewer effectue toutes ses interventions selon une stratégie conforme à son activité de diagnostic (acquisition d'informations, production d'hypothèses sur la base d'un cadre de référence explicite, tests d'hypothèses, etc.). Le discours de l'interviewé sera dès lors guidé par la structure significative élaborée par l'interviewer ; ce discours, orienté pour répondre à des hypothèses construites en relation à un système cohérent d'interrogations, sera interprétable dans ce contexte.

La clé de la méthodologie de l'entretien repose ainsi sur la technique d'écoute, sa préparation et son explicitation après coup. Mais cette écoute est d'autant plus performante qu'elle est instruite par des objectifs précis et un cadre de référence théorique explicite. Par exemple, on peut concevoir de multiples façons de conduire un entretien sur le thème des mères porteuses et des représentations que lui associe un groupe social donné ; tout dépend de ce qu'on cherche, des raisons pour lesquelles on réalise une telle campagne d'enquêtes, des hypothèses préalables que l'on a sur les répercussions de telles pratiques dans le système des représentations des gens.

Si l'on suppose que cette pratique suscite des représentations désorganisant un système cohérent de représentations de la famille, de la sexualité, etc., il est alors nécessaire de chercher les informations pertinentes par rapport à cette hypothèse : histoire, position, conception et roman familiaux ; puis, au détour du discours, de pointer les éléments qui confirment ou infirment l'hypothèse, d'en apprécier, par des apports d'informations complémentaires, la solidité, et de construire ainsi une structure de signification soumise aux objectifs de la recherche. D'autres hypothèses peuvent être testées, chacune doit être pensée et explicitée pour l'interviewer avant qu'il ne décide d'intervenir sous la forme appropriée à son objectif.

Outre l'articulation des relances avec les hypothèses de la recherche et la simultanéité des activités de recueil de données (ainsi construites) et d'analyse, l'interviewer doit savoir tenir compte des mécanismes interlocutoires qui sont à l'œuvre dans l'échange verbal, soit l'effet des différents types d'intervention sur le discours de l'interviewé.

Les stratégies d'intervention

Pour favoriser la production d'un discours linéaire et structuré, l'interviewer dispose de trois techniques :
– la contradiction, qui s'oppose au point de vue développé précédemment par l'interviewé ;

– la consigne ou question externe, intervention directrice qui introduit un thème nouveau ;
– la relance, sorte de paraphrase plus ou moins déductive et plus ou moins fidèle, intervention subordonnée, qui s'inscrit dans la thématique développée par l'interviewé.

• *La contradiction*

La contradiction apportée par l'interviewer est un mode d'intervention qui contraint l'interviewé à soutenir l'argumentation de son discours. Mais ce type d'intervention implique une modification du cadre de l'enquête dans la mesure où l'enquêteur donne des informations à l'enquêté sur ses opinions et positions. Ce type d'intervention induit une tendance de l'interviewé à extrémiser ses opinions. D'autre part, en apportant la contradiction, l'interviewer quitte son statut de neutralité, à moins qu'il ne prenne un rôle explicite de porte-parole du parti opposé.

L'usage de la contre-argumentation mis à la mode récemment dans l'entretien journalistique, en particulier avec des hommes politiques, s'ajuste assez bien aux situations dans lesquelles l'interviewé produit un plaidoyer public argumenté. Mais cette intervention n'est compatible qu'avec un cadre de communication dans lequel l'interviewer est supposé relayer la parole du public ou d'un acteur et non pas énoncer ses propres conceptions. En effet, dans le cadre d'un entretien de recherche, la contre-argumentation directe de l'interviewer qui exprimerait sa propre opinion serait contraire au cadre de communication de l'entretien de recherche dédié au recueil d'informations produites par l'interviewé.

La question externe, quant à elle, respecte ce cadre contractuel, mais s'accorde mal avec l'objectif discursif de l'entretien. C'est un mode direct d'intervention qui définit un champ thématique nouveau. Dans l'entretien de recherche, les consignes sont pratiquement les seules questions externes utilisées.

• *Les consignes*

Une consigne est une intervention visant à définir le thème du discours de l'interviewé. Tout entretien de recherche débute par une consigne inaugurale ; celle-ci doit être claire, non contradictoire avec le contrat initial et plus précise que ce dernier quant à l'objet de la demande.

La consigne donne à l'interviewé le contexte thématique et logique de l'entretien. Le champ des réponses attendues doit être suffisamment large pour que tous les interviewés d'un même échantillon puissent y inscrire leur propre discours.

Les consignes sont formulées comme des demandes de réponse discursive concernant soit les représentations de l'interviewé, soit ses expériences. Dans le premier cas la consigne induit un discours d'opinion : « J'aimerais que vous me parliez de…, ce que ça représente pour vous. »

Dans le second cas, la consigne induit un discours de narration : « J'aimerais que vous me parliez de…, comment ça se passe. »

Le rôle des consignes est essentiel dans l'entretien. Ces instructions ajoutent des éléments d'information au cadre contractuel qui doit assurer la pertinence du discours.

Chaque consigne introduit une séquence thématique nouvelle. La multiplication des consignes traduit à l'interviewé la part de structuration que l'interviewer entend donner au discours produit. Rappelons que plus le discours est structuré par l'interviewer, moins le discours de l'interviewé est prolixe, associatif et articulé selon une cohérence interne. En revanche, la relance constitue l'intervention type de l'entretien de recherche parce qu'elle donne à l'interviewé la possibilité de rétroagir sur son propre discours, et l'amène soit à développer le fragment de discours mis en question indirectement par la relance, soit à expliciter davantage sa pensée…

• *Les relances*

Les relances prennent pour objet le dire antérieur de l'interviewé. Elles ne commandent pas le discours de l'interviewé comme les questions directes (qui sont des actes initiatifs), elles ne s'opposent pas aux arguments énoncés, mais elles se coulent dans ce discours qui prend une fonction d'acte directeur dans le dialogue. Les relances ne définissent pas les thèmes à évoquer, elles s'inscrivent dans le déroulement des énoncés de l'interviewé comme des fragments de contenus subordonnés à ce dernier. Ce sont des actes réactifs.

On distingue théoriquement six types de relances, chacune ayant des effets spécifiques sur les discours produits. On peut les regrouper selon deux critères : l'acte de langage accompli par l'interviewer et l'instance discursive visée.

L'acte de langage accompli par l'interviewer peut être :

– une réitération : le locuteur reprend, en le répétant, un point de vue énoncé par l'interlocuteur ;

– une déclaration : le locuteur fait connaître à l'interlocuteur son point de vue sur le discours de l'interviewé (non, comme on l'a vu plus haut, sur le thème de recherche) ;

– une interrogation : l'interviewer pose une question à l'interviewé.

L'instance discursive visée peut être :

– le registre référentiel, défini par l'objet dont on parle ;

– le registre modal, défini par la position de l'interviewé par rapport à cette référence.

Ainsi dans la phrase : « Je pense que les mères porteuses sont inconscientes », « je pense » est un registre modal, alors que « les mères porteuses sont inconscientes » est un registre référentiel.

Ces six types de relance par l'interviewer peuvent être représentés selon le schéma suivant :

Tableau 1. Les types de relance de l'interviewer

Registre	Type d'acte		
	Réitération	Déclaration	Interrogation
Référentiel	Écho	Complémentation	Interro. Référ.
Modal	Reflet	Interprétation	Interro. Mod.

Soit, pour illustrer les types d'interventions, cet extrait d'entretien : Des étudiantes ont été interviewées sur la pratique des mères porteuses et les représentations qu'elles en avaient. L'une d'elles énonce les propositions suivantes :

« Les mères porteuses sont courageuses… mais je pense qu'elles sont inconscientes. »

Le discours est composite ; il énonce littéralement deux propositions qui s'inscrivent, la première dans le registre référentiel, la seconde dans le registre modal.

Voici, à titre illustratif, six propositions d'interventions :

– Écho : l'intervention répète ou reformule un ou plusieurs énoncés référentiels du discours de l'interviewé : « elles sont courageuses » ou « elles sont inconscientes », ou « elles sont courageuses et inconscientes ».

– Reflet : l'intervention répète ou reformule avec un préfixe modal un ou plusieurs énoncés du discours de l'interviewé : « vous pensez qu'elles sont courageuses » ou « vous pensez qu'elles sont inconscientes », ou « vous pensez qu'elles sont courageuses et inconscientes ».

– Complémentation : l'intervention vient ajouter un élément d'identification de la référence à l'énoncé précédent de l'interviewé. Ce sont soit des déductions partielles : « elles (les mères porteuses) se créent des problèmes » ; soit des anticipations incertaines (complémentations incluses) : « et aussi dévouées » ; soit des inférences logiques ou pragmatiques : « elles ne sont pas conscientes ».

– Interprétation : elle vise à suggérer une attitude non explicitée par l'interviewé : « vous craignez des conséquences néfastes ».

– Interrogation référentielle : c'est une demande d'identification supplémentaire de la référence : « dans quel cas ? ».

– Interrogation modale : c'est une demande d'identification de l'attitude propositionnelle de l'interviewé : « qu'est-ce que vous en pensez ? ».

Les relances de l'interviewer ont cette particularité d'être des commentaires : elles prennent comme support le discours de l'interviewé. Par ses relances, l'interviewer paraît ne rien dire qui n'ait été déjà dit : il souligne, synthétise, reformule, demande une précision, et semble laisser à l'interviewé la part essentielle de la construction discursive.

Pourtant chaque relance est différente et, à chacun de ses tours de parole, l'interviewer dispose d'un éventail assez large de choix parmi plusieurs solutions possibles. De ce fait, il est difficile de soutenir qu'une relance n'aurait qu'un simple rôle de ponctuation ou de confirmation, qu'elle serait en quelque sorte « non directive ». Chaque type de relance acquiert en effet pour l'interviewé une valeur informative à laquelle son discours répondra nécessairement. Les relances guident le discours, l'influencent dans son contenu et sont également susceptibles d'entraîner des modifications de l'opinion des interviewés dans certaines conditions expérimentales (Blanchet, Bromberg et Urdapilleta, 1991).

2. L'INTERACTION DES DISCOURS ET DES INTERVENTIONS

Le discours énoncé par l'interviewé est construit en interaction permanente avec l'interviewer qui en sollicite la production linéaire à l'aide de ses relances.

Chaque interviewer a une tendance personnelle, liée notamment à sa formation, à utiliser plutôt un type d'intervention qu'un autre, et ceci souvent à son insu. Mais chaque type d'intervention est également sollicité par certains modes discursifs qui sont infléchis en retour par l'interaction. Toutefois, dans ce domaine comme dans tout autre domaine interactif, les exceptions sont souvent la règle, et les tendances que l'on peut observer n'ont qu'une valeur indicative. C'est cet entrelacs des interventions et du discours que nous décrivons ci-après.

2.1 Les types de discours

Les discours produits par entretien sont essentiellement composés d'énoncés assertifs, c'est-à-dire dont le but vise à faire connaître à l'auditeur un état de chose ou une conception tenue pour être vraie.

Parmi ces « assertifs », on peut distinguer trois catégories d'énoncés :

– les narratifs, dont le but est de rendre compte d'événements passés ;

– les informatifs, dont le but est de faire part d'une croyance ou d'un désir (une opinion, une suggestion, etc.) ;

– les argumentatifs, dont le but est d'organiser le discours dans une logique donnée.

Chacune de ces catégories discursives est repérable sémantiquement et grammaticalement par des marqueurs langagiers (par exemple : temps verbal passé pour les narratifs, modalisateurs verbaux ellipsés ou non pour les informatifs, joncteurs interphrastiques de causalité, consécutivité, conditionnalité pour les argumentatifs).

Ces modes de discours sont, en premier lieu, placés sous la dépendance du thème de l'enquête et du type de relation que l'interviewé entretient avec ce thème (ce que l'on a précédemment défini comme extensionalité et familiarité du thème). Si l'on distingue, par exemple, les thèmes concrets (extensionnels) et les thèmes abstraits (non extensionnels), il apparaît que le discours sur un thème concret (« la voiture ») sera plus aisément narratif si l'interviewé en a une expérience directe (thème familier) et que le discours sur un thème abstrait (« la liberté ») sera d'emblée informatif et ceci d'autant plus que l'interviewé aura préalablement réfléchi au sujet (thème familier). Mais il est plus fréquent que le discours associe des énoncés appartenant à ces différentes catégories.

D'autre part, les types d'intervention définis précédemment agissent différemment sur ces types de discours.

2.2 Les effets des relances sur les types de discours

On constate ainsi que les interventions réitératives, déclaratives et interrogatives de l'interviewer s'adaptent mieux à certains types de discours, en même temps qu'elles tendent à les constituer. Par exemple, les complémentations stimulent un discours narratif, alors que les réitérations s'inscrivent plus aisément dans un discours informatif ou discours d'opinion ; les interrogations étant susceptibles de provoquer ou de soutenir ponctuellement l'un ou l'autre des modes discursifs.

L'effet offensif des réitérations

Ces interventions, qui consistent à répéter un contenu déjà exprimé par l'interviewé, manifestent à la fois une confirmation d'écoute et une demande d'explicitation. L'intervention relance vigoureusement le discours informatif (discours d'opinion) alors que, s'appliquant à une narration ou à une description (récit d'expérience), elle peut constituer une ponctuation superflue, parfois même « tombant à plat ».

• *Réitération écho (« Elles sont courageuses »)*

Répéter à quelqu'un quelque chose qu'il vient d'énoncer manifeste à cet interlocuteur qu'on a bien entendu et compris, mais également que, à son insu, on opère une sélection dans l'ensemble de son discours, dont on souligne ainsi l'importance en soi ou pour soi. L'écho peut provoquer deux types de réactions : des résistances ou des soumissions :

– l'interviewé résiste à la captation et au découpage de son discours par l'enquêteur, alors qu'il représente l'unité de la personne, sa complétude ;

– l'interviewé cède à l'interviewer une part de la responsabilité de son acte d'énonciation, en supposant qu'il détient ou peut faire advenir une part de vérité de lui-même.

Car contrairement aux apparences, cette intervention est offensive vis-à-vis de l'interviewé dont les énoncés sont repris et mis en doute (retournés) par leur réitération même. Cette technique, poussée jusqu'à une manifestation d'incrédulité – ce que Becker nomme « faire le demeuré » (1970) – est risquée, la plupart du temps. Son usage abusif dans l'entretien provoque une interlocution profondément artificielle, comparée aux coutumes langagières les plus répandues dans notre société (et à cet égard, la complémentation semble plus « naturelle »). Son effet est insistant et problématisant alors que la complémentation a un effet plutôt banalisant.

• *Réitération reflet (« Vous pensez qu'elles sont courageuses »)*
Les réitérations modales ne mettent pas en cause la valeur de vérité en soi de la proposition réitérée, mais, insistant sur son origine énonciative, relativisent le contenu énoncé et substituent à la problématique de la véridiction celle de la sincérité du locuteur.

Le reflet : « vous dites que... », de même que « vous pensez que... » ou « vous avez l'impression que... » établissent un contexte linguistique qui souligne une distance entre ce qui est dit et ce qui est pensé. « Est-ce vrai ? » ou « est-ce sincère ? » semble demander l'interviewer.

Dans l'entretien de recherche, l'usage systématique du reflet semble mettre en cause indirectement l'assurance de l'interviewé dans la croyance de ce qu'il énonce. Le reflet entraîne alors un type de discours surmodalisé ; il tend, selon le rapport de compétence que l'interviewer et l'interviewé entretiennent à l'égard du thème, à faire produire un effet de nuance ou d'assurance : discours hésitant et incertain concernant l'objet thématique exploré de l'interviewé novice, ou énonciation assurée des convictions et des croyances de l'interviewé expert.

L'effet contrasté des déclarations

Les interventions en forme de déclaration sont une tentative pour aider l'interviewé à produire un discours plus complet et plus cohérent. Les complémentations visent l'exhaustivité, alors que les interprétations s'appliquent à souligner l'existence de chaînes causales impliquant l'opinion ou les sentiments de l'interviewé.

• *La complémentation (« Les mères porteuses se créent des problèmes. »)*
En faisant une complémentation (synthèse partielle, anticipation incertaine, inférence sur le contenu), l'interviewer ne donne pas son point de vue personnel (tout en le laissant supposer), n'opère aucune interprétation (tout en indiquant qu'il écoute ce qu'on lui dit).

Pour ce faire, il opère, selon les cas, de trois manières :
– il propose une sorte de reformulation conclusive et généralisante qui montre qu'il a compris et qui confirme parfaitement à l'interviewé l'intérêt de ce qu'il dit ;
– ou bien, il avance une déduction incertaine et hâtive, – il fait « l'âne pour avoir du son » – afin que l'interviewé apporte un développement supplémentaire et comble une lacune apparente (dans l'expression et dans la compréhension) ;
– ou bien encore, il fait une inférence logique ou pragmatique, qui révèle une écoute sensible au raisonnement dans l'exposé des pensées et des faits.

• *L'interprétation (« Vous craignez des conséquences néfastes »)*
L'interprétation est une intervention focalisée sur la cause du dire de l'interviewé, sur l'enchaînement des énoncés et sur le sens du discours tel qu'il est intentionnellement constitué. Une telle recherche d'intentionnalité est presque toujours perçue par l'interviewé comme une prise de pouvoir sur son discours ; en effet, tout locuteur se veut détenteur du sens de ce qu'il dit et ne cède apparemment cette prérogative à l'interlocuteur que dans des situations particulières (affiliation, transfert, soumission, etc.). L'interprétation dans l'entretien de recherche est plus proche d'une reformulation des sentiments de l'interviewé (attitude compréhensive selon Porter, 1950) que d'une interprétation au sens psychanalytique du terme.

Mais, comme dans le cadre thérapeutique, l'interprétation dans l'entretien de recherche entraîne des effets de consentement ou de résistance, selon qu'elle révèle des intentions confirmatives ou infirmatives. Les interprétations confirmatives sont en général validées par l'interviewé ; elles tendent à orienter le discours vers le registre modal et l'expression de pensées intimes et privées[1]. Les interprétations infirmatives contraignent parfois l'interviewé à rétablir une certaine cohérence et orientent le discours vers la construction d'une version remaniée de la chaîne causale. Ce discours démonstratif s'accompagne souvent d'un processus de dégagement du sujet et de généralisation. Il est fréquent, par exemple, qu'à cette occasion l'interviewé adopte un jargon de spécialiste (psychologique, sociologique, etc.)[2].

L'effet perturbateur des interrogations

Le rôle des questions, tel qu'il apparaît dans l'entretien par questionnaire précis et standardisé (superficialité et émiettage des réponses), est pratiquement totalement effacé dans un contexte interlocutoire où la mécanique discursive est dominante. Les questions, distribuées à doses homéopathiques, ont pour fonction d'appeler directement un registre discursif donné à propos d'objets intégrés à la thématique traitée par l'interviewé.

En revanche, une dose massive d'interrogations perturbe le déroulement de l'entretien de recherche.

Le cas peut se présenter toutefois lorsque, pour différentes raisons, l'interviewé se refuse à entrer dans la logique discursive du contrat de communication : soit parce que l'entretien rompt avec les formes habituelles ou amicales d'interlocution – cas des compagnons d'hôpital interrogés par J. Coenen-Huther (2001) –, soit parce que l'interviewé ne « joue pas le jeu » – cas de dirigeants souvent « plus disposés à s'exprimer à partir de questions multiples, clairement formulées » (Cohen, 1999). L'interviewé attend alors de l'interviewer qu' il l'interroge et lui délègue de fait une part importante de la responsabilité de l'énonciation. Il tend à se maintenir dans une position passive. Un entretien fondé sur une conduite trop interrogative est assimilable à un interrogatoire. Ce n'est ni un questionnaire, dans le sens où aucune question préalablement préparée ne vient justifier et définir le contenu et la forme des interventions de l'interviewer, ni un entretien de recherche, puisque le but atteint n'est pas

1. W. Labov et D. Fanshel parlent de « *family style* ».
2. W. Labov et D. Fanshel (*op. cit.*) appellent ce type de discours « *interview style* ».

conforme à l'objectif visé en principe par ce dispositif : favoriser la constitution d'un discours linéaire et structuré.

En résumé, parmi les trois types d'intervention dont l'interviewer dispose (contradiction, consigne, relance), la première est en principe à écarter. L'usage de la consigne en cours d'entretien entraîne des ruptures de la linéarité des discours de l'interviewé, une dépendance thématique de ce discours aux sollicitations de l'interviewer et a pour conséquence une baisse de la prolixité discursive de l'interviewé. Les relances, par contre, constituent les interventions les plus efficaces pour soutenir la production discursive de l'interviewé ; toutefois ce ne sont pas des interventions neutres, elles influencent le discours en traduisant une certaine intention de l'interviewer.

Ainsi, un programme d'enquête cohérent, élaboré à partir d'objectifs précis, se devrait de prévoir et définir le maximum de paramètres d'environnement, de contrat et d'intervention.

L'hypothèse de la cohérence suppose que plus les paramètres discursifs, contractuels et environnementaux de la situation sont cohérents, plus l'interviewé peut inférer rapidement et clairement l'intention de l'interviewer. Si tel est le cas, l'interviewer peut d'autant mieux guider indirectement le discours de l'interviewé sur les points répondant au questionnement de sa recherche[1]. On peut en déduire certains principes de planification.

L'interviewer doit savoir que les interventions qui lui viennent à l'esprit ne sont pas toutes bonnes à dire et qu'il doit sélectionner, parmi elles, les plus pertinentes par rapport au contrat ; mais il doit savoir également qu'il peut modifier comme il le veut les paramètres du contrat en adoptant une stratégie d'intervention particulière.

1. L'existence de contextes délivrant des signes contradictoires rend la situation ambiguë et le plus souvent l'interprétation des interventions de l'interviewer indécidable. Cette indécidabilité entraîne selon les cas deux effets principaux dans la réponse de l'interviewé : la production d'un discours lui-même ambigu, forgé pour répondre à plusieurs interprétations possibles de l'intervention (discours non informatif) ou la production d'un discours autoréférent qui ne s'inscrit plus dans la problématique de recherche de l'interviewer (discours non pertinent).

Le pilotage d'un entretien s'effectue donc à la fois au coup par coup, car l'écoute est diagnostic et entraîne un travail d'interprétation et de problématisation en temps réel, et par anticipation, car le fonctionnement interlocutoire de l'entretien s'effectue dans un système interlocutoire à réponses différées.

L'ANALYSE DES DISCOURS

L'entretien ne parle pas de lui-même. Il faut, pour parvenir aux résultats de la recherche, effectuer une opération essentielle, qui est l'analyse des discours[1]. Elle consiste à sélectionner et à extraire les données susceptibles de permettre la confrontation des hypothèses aux faits.

Cette analyse s'effectue sur l'ensemble des entretiens d'une enquête pris comme autant d'unités de comparaison. Plus précisément, elle s'effectue sur le corpus, c'est-à-dire l'ensemble des discours produits par les interviewers et les interviewés, retranscrits de manière littérale[2]. L'analyse des discours concerne donc des textes écrits et non pas les enregistrements eux-mêmes. Non qu'il soit impossible de travailler sur simple enregistrement, ni inutile de s'y référer parfois, mais l'analyse à l'écoute ne permet pas la communicabilité des procédures effectives de production des résultats.

L'objectif de l'analyse du contenu ainsi réalisée est en effet double : stabiliser le mode d'extraction du sens et produire des résultats répondant aux objectifs de la recherche.

On distingue l'analyse du discours et l'analyse de contenu qui en est un sous-ensemble. L'analyse du discours concerne l'analyse de tous les composants langagiers et recouvre essentiellement deux types d'approches : d'une part les analyses linguistiques qui étudient et comparent les structures formelles du langage, comme celles employées par Labov (1978) ; et d'autre part les analyses de contenu qui étudient et comparent les sens des discours pour mettre à jour les systèmes de représentations véhiculés par ces discours. Les analyses de contenu sont préférentiellement utilisées en sociologie et en psychologie sociale.

1. On appelle discours la production d'un locuteur dans toute situation d'interlocution.
2. La retranscription littérale utilise les signes conventionnels de la ponctuation pour traduire la parole orale en texte écrit.

1. La production du sens

Qu'est-ce que le sens d'un discours ? C'est une production et non pas une donnée. C'est une lecture orientée. Les entretiens livrent un matériau apparemment spontané – en fait, on l'a vu, informé par les hypothèses et co-construit par l'interaction qui le traverse. Le traitement qui lui est appliqué ensuite (l'analyse) contribue à son tour à sculpter le message et le sens qui va en être dégagé. Après avoir fait parler l'interviewé, l'enquêteur fait parler le texte par l'analyse des discours.

Pour illustrer ce point, on comparera les deux traitements que sont le résumé d'un texte et l'analyse de son contenu. Le résumé est neutre, il se veut une photographie simplifiée du texte. Il se veut non sélectif et procède par réduction du texte en ne conservant que les propositions principales ou causales. Il procède d'une lecture endogène avec, pour principe, une fidélité maximale aux énoncés. Il épouse autant que faire se peut la logique du texte et sa cohérence interne. Il sauvegarde la complexité des thèmes : il a une fonction de stockage.

L'analyse de contenu implique des hypothèses. Elle est hyper-sélective. C'est une lecture exogène informée par les objectifs de l'analyste. Elle ignore la cohérence explicite du texte et procède par décomposition d'unités élémentaires reproductibles. Elle vise la simplification des contenus : elle a pour fonction de produire un effet d'intelligibilité et comporte une part d'interprétation.

Soit le texte suivant[1] :

Interviewer : « Vous hébergez depuis plusieurs mois quelqu'un chez vous. Pouvez-vous me dire comment cela a commencé ? »

Interviewée : « C'est un de mes neveux qui a 17 ans, un garçon, et qui est en première, qui s'est trouvé, comment on pourrait dire… en échec scolaire… mais fort, depuis des années. Et à mon avis pas dû… je suis-moi-même professeure en lycée… pas dû… parce que je l'ai fait travailler dans des matières pas… c'est quelqu'un qui a une très belle plume, qui

1. Il s'agit de la première séquence d'un entretien issu de l'enquête sur l'hospitalité (Gotman, 2001).

lisait à 5 ans… pas parce qu'il est incapable de suivre et de comprendre, mais parce qu'il avait des problèmes personnels notamment avec son père. Donc nous avons proposé… on s'est concertées avec ma sœur qui ne savait plus dans quel lycée le mettre, de le prendre et de le sortir de son cadre habituel. On l'avait orienté en première professionnelle, ce qui est une façon pour le lycée commode de se débarrasser des individus qui chahutent. Donc moi j'ai aidé ma sœur à faire le dossier du rectorat à la commission d'appel et à le domicilier ici pour qu'il soit pris au lycée de E. en première "L" qui est la filière qui lui convient. Voilà donc l'expérience et le but qu'on se donne, c'est pas qu'il soit premier de sa classe, ce n'est pas la question, c'est qu'il reprenne le goût de travailler, à être bien dans sa façon de voir les choses… sur le plan humain et puis effectivement le mettre au travail quand il faut. »

Le résumé

Voici une proposition de résumé :

L'hôtante a un neveu en classe de première, en échec scolaire depuis plusieurs années. Elle est elle-même professeure et l'a fait travailler. Cet échec n'est pas dû à une incapacité mais à des problèmes personnels avec son père. Elle propose donc, en concertation avec sa sœur, de le prendre chez elle. En le domiciliant chez elle, elle réussit à le faire changer de lycée et à l'inscrire dans une filière qui lui convient. Elle le fait également sortir de son cadre habituel. Son but est double : le remettre au travail et faire qu'il soit bien.

L'analyse de contenu

Si on applique à ce même texte différentes analyses thématiques, on obtient différents résultats. On prendra pour exemple deux lectures thématiques contrastées.

• *Première lecture* : l'analyse est orientée par une problématique concernant l'échec scolaire et l'orientation scolaire :

– Un jeune garçon est en échec scolaire et son lycée l'oriente dans une filière professionnelle, mais sa tante, professeure de lycée, estime qu'une filière « L » lui conviendrait mieux.

– Pour le sortir de cette filière, elle recourt à la commission d'appel du rectorat et demande son admission dans un autre lycée, en le domiciliant chez elle.
Conclusion-hypothèse : l'orientation scolaire dépend-elle du cursus scolaire de l'élève, du domicile de ses parents, du fait qu'il a un membre de l'enseignement dans sa parentèle ?

• *Deuxième lecture* : l'analyse est orientée par une problématique concernant l'hospitalité et les relations familiales.
– Un jeune garçon est en échec scolaire, mais sa tante estime que cet échec est dû aux problèmes personnels qu'il a avec son père.
– Grâce à sa double position professionnelle et familiale (professeure et sœur de la mère du jeune garçon), elle décide en accord avec la mère d'inscrire son neveu dans un autre lycée et de le prendre chez elle, à la fois pour résoudre son problème scolaire et pour le sortir de son cadre familial.
Conclusion-hypothèse : la compétence professionnelle de l'hôtante est ce qui lui permet de jouer son rôle de tante, sans « prendre la place » de la mère, sans s'immiscer dans les problèmes familiaux de l'hôte. L'hospitalité suppose une certaine neutralité du rôle familial.

Chaque lecture, chaque analyse, extrait donc du même texte un sens différent selon les hypothèses engagées. Le choix du type d'analyse de contenu, comme le choix du type de collecte, est subordonné aux objectifs de la recherche et à sa formulation théorique. Il s'effectue donc dans la phase de préparation de l'enquête, en liaison avec la formulation des hypothèses. L'analyse de contenu n'est pas neutre. En tant qu'opération de production des résultats, elle représente l'ultime étape de la construction de l'objet. Les différentes analyses de contenu seront donc envisagées sous l'angle de leurs présupposés théoriques et dans leur cadre d'utilisation spécifique.

2. Différentes analyses de contenu

Selon le degré de formalisation, c'est-à-dire le principe de découpage retenu, on distingue plusieurs types d'analyses de contenu. L'analyse la plus proche du résumé présenté précédemment est l'analyse entretien par entretien. L'unité de découpage est ici le fragment de discours portant une signification. Il s'agit de rendre compte pour chaque entretien de la logique du monde référentiel décrit par rapport aux hypothèses. Le mode de découpage est variable d'un entretien à l'autre.

Vient ensuite l'analyse thématique, qui consiste à découper transversalement tout le corpus. L'unité de découpage est le thème qui représente un fragment de discours. Chaque thème est défini par une grille d'analyse élaborée empiriquement. Le mode de découpage est stable d'un entretien à l'autre.

On présentera ensuite un type d'analyse formalisée par une théorie de la signification et qui, pour cette raison, fait davantage obstacle à la projection et à l'induction non contrôlées de l'analyste. Alors que les analyses par entretien et les analyses thématiques procèdent au découpage des énoncés de façon endogène, directement à partir des hypothèses de l'étude, les analyses formalisées procèdent au découpage à partir de règles définies par une théorie de la production du sens et donc reliée de façon indirecte aux hypothèses de l'étude. Ces techniques s'attaquent à la structure du texte. Elles reconstruisent le sens à partir de la logique structurelle du discours qui échappe pour partie au locuteur et à l'analyste. Elles explorent le sens des phrases à partir de la manière dont celles-ci sont construites et permettent ainsi de trouver les points d'appui cachés, et donc plus fiables, pour établir le sens du texte. Ces unités seront soit des propositions, soit des énoncés restreints, unités plus petites et plus élémentaires que dans les analyses par entretien ou thématiques. Parce qu'elles sont des procédures standardisées et systématiques, mais surtout parce qu'elles retardent la phase d'interprétation proprement dite, ces techniques renforcent le processus d'objectivation.

De manière générale, une analyse de contenu doit pouvoir rendre compte de la quasi-totalité du corpus (principe d'extension), être fidèle (ce qui est vérifiable par le multicodage) et auto-suffisante (sans retour nécessaire au corpus).

On exposera successivement l'analyse par entretien, l'analyse thématique, et l'analyse textuelle par le logiciel ALCESTE. Ces différentes techniques font toutes appel à des degrés divers à l'interprétation, mais celle-ci intervient à un moment différent selon le type d'analyse mobilisé :

dans la phase initiale, pour les deux premières, en cours d'analyse pour la troisième.

2.1 L'analyse par entretien

L'analyse par entretien repose sur l'hypothèse que chaque singularité est porteuse du processus soit psychologique, soit sociologique que l'on veut analyser. L'analyse par entretien se justifie donc lorsqu'on étudie des processus, des modes d'organisation individuels en tant qu'ils sont révélateurs :
– d'une pathologie spécifique (étude de cas clinique) ;
– d'un mode de réalisation d'une tâche professionnelle (ergonomie cognitive) ;
– d'une théorie du mode de production de l'existence (récit de vie).
L'analyse par entretien permet de déceler le mode d'engendrement singulier des processus, qu'il soit clinique, cognitif ou biographique.

L'Enfant de ça (Donnet et Green, 1973)

Les auteurs développent ce type d'analyse sur un seul entretien (monographie) effectué dans le cadre de la consultation psychanalytique d'un service de psychiatrie. Les auteurs ont pratiqué sur le même texte plusieurs types d'analyse dont une analyse dite « au mot à mot » dont on donnera ici un exemple. Au début de l'entretien, le patient énonce ceci :

> « Il y a eu un problème familial, c'est que… je ne suis pas du même père, euh… on était, eh ben, c'est, vous savez, c'est compliqué, voilà, ma mère a couché avec son gendre et c'est moi l'enfant de ça. »

Les auteurs analysent ainsi ce fragment de discours :

> « L'opposition du "il y a eu" et du "je ne suis" est bien significative : le récit démarre à la troisième personne, pour mettre l'accent sur le caractère "objectif" d'un problème ; problème d'abord familial, c'est-à-dire qui s'est passé avant lui et en dehors de lui ; problème donc qui ne le concernait que secondairement ; cela a été leur problème et n'est devenu le mien qu'ensuite. Mais ce récit achoppe et le "je" est ambigu : il signifie que "je" est "leur" problème, mais ce "je" paraît bien vouloir, subjectivement, être ce problème. »

La grille de lecture des auteurs est psychanalytique ; elle est difficilement totalement explicitable ; mais la rigueur de ce type d'analyse repose sur la cohérence de la thèse soutenue et sur les multiples versions possibles que donnent les auteurs de l'analyse de cet entretien.

Dilapidation et prodigalité (Gotman, 1995)

La dilapidation de l'héritage, en tant que mode de réception et d'appropriation du patrimoine transmis, est une façon pour l'individu de se constituer face à l'héritage, reprendre le fil de la parenté en l'intégrant à son identité de fils ou de fille, de père ou de mère, de frère ou de sœur, etc. Mais elle constitue une modalité particulière exacerbée de ce travail de repositionnement dans la mesure où, en distribuant son héritage à des tiers, l'héritier affirme son autonomie, revendique son auto-engendrement, et se refuse tel ; ou bien, en le consommant jusqu'à épuisement, se définit au contraire exclusivement comme un héritier. Ce processus de rupture avec une norme qui prescrit d'intégrer l'héritage à la chaîne des retransmissions postule la possibilité pour l'individu de se produire comme individu original, auto-engendré, ou unique car dernier de la lignée. Quoique revêtant elle-même des formes à la fois canoniques et socialement caractéristiques, la dilapidation, sous sa double forme, distribution ou consommation, constitue ainsi un miroir grossissant du travail d'individuation présent dans toute appropriation de l'héritage. La méthode d'analyse a dès lors consisté à analyser chacun des entretiens du corpus recueilli auprès de dilapidateurs comme un cas pouvant rendre compte à lui seul de ce processus de production de soi. Une même grille d'analyse fut appliquée au corpus, qui portait sur l'origine de la fortune et les modèles économiques familiaux, le mode de socialisation économique de l'héritier, la position de l'héritier vis-à-vis de l'héritage, et l'usage de l'héritage et les modalités de la dilapidation en tant que comportement économique et d'affiliation familiale. Mais au lieu d'écraser les modes singuliers de la construction de soi sous ces caractérisations transversales, l'analyse s'est employée à mettre en évidence la façon dont chaque dilapidateur jouait sur ces registres pour se différencier et trouver sa cohérence.

2.2 L'analyse thématique

Alors que le découpage de l'analyse par entretien parcourt les thèmes de l'entretien pour en rebâtir l'architecture singulière, l'analyse thématique défait en quelque sorte la singularité du discours et découpe transversalement ce qui, d'un entretien à l'autre, se réfère au même thème. Elle ignore ainsi la cohérence singulière de l'entretien, et cherche une cohérence thématique inter-entretiens. La manipulation thématique consiste ainsi à jeter l'ensemble des éléments signifiants dans une sorte de sac à thèmes qui détruit définitivement l'architecture cognitive et affective des personnes singulières (Bardin, 1991, p. 93). L'analyse thématique est donc cohérente avec la mise en œuvre de modèles explicatifs de pratiques ou de représentations, et non pas de l'action.

Toutefois la différence avec l'analyse par entretien peut n'être qu'une différence de degré. À bien des égards, les « dimensions » utilisées dans l'analyse par entretien peuvent être considérées comme des thèmes, l'analyse consistant à passer en revue les « thèmes » abordés par chaque sujet séparément pour en faire la synthèse. On parlera alors d'une analyse thématique « verticale », par opposition à l'analyse thématique « horizontale » qui relève les différentes formes sous lesquelles le même thème apparaît d'un sujet à l'autre (Ghiglione et Matalon, 1978).

Production des résultats

Pour établir les thèmes et construire la grille d'analyse, il est nécessaire de procéder à la lecture des entretiens, un à un. Il s'agit bien ici d'une lecture, et non d'une analyse de contenu au sens où on l'a défini ; cette lecture a pour but la prise de connaissance du corpus.

L'identification des thèmes et la construction de la grille d'analyse s'effectuent à partir des hypothèses descriptives de la recherche, éventuellement reformulées après lecture des entretiens. Elles procèdent d'une itération entre hypothèses et corpus. Toutefois, dans le cas de l'enquête exploratoire, l'identification des thèmes se fait presque exclusivement à partir de la lecture du corpus. L'unité thématique n'est donc pas définie *a priori*, comme l'unité linguistique. C'est un noyau de sens repérable en fonction de la problématique et des hypothèses de la recherche. Mais, une fois sélectionnés pour l'analyse d'un corpus, les thèmes constituent le cadre stable de l'analyse de tous les entretiens.

Comme le guide d'entretien, la grille d'analyse doit autant que possible être hiérarchisée en thèmes principaux et thèmes secondaires (spécifications), de façon à décomposer au maximum l'information, séparer les éléments factuels et les éléments de signification, et ainsi minimiser les interprétations non contrôlées. Mais, à la différence du guide d'entretien qui est un outil d'exploration (visant la production de données), la grille d'analyse est un outil explicatif (visant la production de résultats). Elle n'en est donc nullement le décalque, mais une version plus logifiée. Une fois les thèmes et items identifiés, une fois la grille construite, il s'agit alors de découper les énoncés correspondants et de les classer dans les rubriques *ad hoc*. Ces énoncés sont des unités de signification complexe et de longueur variable (membres de phrases, phrases, paragraphes…).

Voici, à titre d'exemple, la grille d'analyse thématique utilisée pour le traitement du corpus de l'enquête sur l'hospitalité (Gotman, 2001). Elle comporte des rubriques thématiques (indiquées en petites majuscules), avec leurs thèmes (en caractères minuscules), et leurs spécifications (entre crochets). Cette grille, destinée à servir de base à l'élaboration d'une typologie, est construite selon une logique à la fois verticale et horizontale, pour rendre compte de chacun des cas ainsi que des dimensions transversales.

L'ASYMÉTRIE DES RELATIONS

– Initiatives : [de l'hospitalité, prérogatives réglementaires, contrôle des entrées, régime des plaisirs, organisation/improvisation, gestion des débordements]

– Territorialisation de l'hôte : [accès à l'espace et aux équipements, stratégies de séparation, délimitations spatio-temporelles, protections de l'intimité]

DONS, GRATUITÉ, SACRIFICES

– Réconfort : [confort matériel, obligations esthétiques]

– Sociabilité : [conversation, consolation, écoute, soutien personnel]

– Générosité : [les « plus », efforts spéciaux, marques de considération, gratifications, cadeaux, abus]

Hospitalité et système domestique

– Modes d'allocation des ressources : [répartition des charges et des services]

– Participation matérielle de l'hôte au système : [horaires, approvisionnement, participation financière]

– Participation personnelle de l'hôte au système : [présences/absences, invitations]

Hospitalité et relations familiales

– L'hôte et la vie de famille : [relations sexuelles autorisées/défendues, l'hôte et les relations conjugales des maîtres de maison, l'hôte et les rôles parentaux, l'hôte et les systèmes de préférence]

– L'hôte et les liens de famille : [relations de l'hôte avec la famille des maîtres de maison, relations de la famille de l'hôte avec les maîtres de maison]

Hospitalité et prise en charge des différences

– Les marqueurs de différences : [alimentation, propreté, éducation, rapports au groupe]

– Les types de différences : [âge, genre, milieu social, culture, personnalité]

Hospitalité et liens sociaux

– Références personnelles et familiales : [l'hospitalité dans l'histoire familiale, expériences dans l'enfance, expériences marquantes]

– Références sociales, politiques : [évènements déclenchants, engagements collectifs]

– Vie familiale et vie sociale [rapports à la famille, à la vie professionnelle, à l'amitié, à l'étranger]

On peut aussi appliquer aux corpus discursifs une grille d'analyse fonctionnant sur le mode d'un questionnaire. À partir de la lecture des entretiens, on élabore une grille de thèmes dont on spécifie d'avance différentes modalités. Ainsi, dans le cadre d'une recherche sur l'hospitalité et les conditions de logement, l'un des thèmes isolés est « l'hospitalité et la disposition d'une chambre d'amis ». Ce thème sera spécifié par les modalités suivantes : (1) impérative, (2) préférable, (3) utile dans certains cas, (4) sans incidence. Chaque entretien sera dès lors positionné (diagnostiqué) sur chacun des thèmes en codant la modalité qui apparaît pertinente. Ce type de codage fait une part relativement importante à l'interprétation du codeur.

Ce positionnement de chacun des entretiens par rapport à une même grille permet d'envisager des traitements statistiques descriptifs (pourcentage, voire recherche d'inter-corrélations par analyse factorielle). Mais dans tous ces cas, ces traitements exigent des corpus de plusieurs dizaines d'entretiens.

Discussion des résultats

L'analyse thématique peut donner lieu à plusieurs types de mise en œuvre interprétative. On peut par exemple sélectionner les thèmes, repérer leur variation au sein du corpus et chercher les éléments expliquant cette variation (la propension à l'hospitalité est-elle, par exemple, liée à une expérience migratoire, à la présence d'enfants, etc. ?).

L'analyse thématique peut également donner lieu à l'élaboration de typologies, au même titre d'ailleurs que l'analyse par entretien, dans la mesure où le type idéal, reconstruit et non réel, est issu d'une synthèse à la fois verticale et horizontale des thèmes ou dimensions. Le type résulte en effet de la mise en évidence d'un principe de cohérence vertical (c'est un type de raisonnement) mais non pas singulier (ce n'est pas un individu), qui, de ce fait, peut agréger des individus concrets. Le type regroupera un maximum de thèmes (dans le cas du corpus « hospitalité », ce pourra être l'ensemble des dimensions caractérisant « la » situation d'hébergement considérée comme structurante et celles caractérisant le rapport à l'hospitalité en général) et les cas agrégés dans ce type présenteront un maximum de spécifications univoques relatives aux pratiques de l'hospitalité (l'hospitalité comme pratique habituelle, occasionnelle, exceptionnelle, par exemple).

L'analyse de contenu présentée dans les pages qui suivent ne procède pas par découpage thématique, mais par un mode de découpage et de codage s'étayant sur la structure syntaxique et sémantique du discours.

2.3 L'analyse textuelle par la méthode ALCESTE

À la différence de l'analyse thématique, la méthode ALCESTE d'analyse textuelle repose sur la prise en compte de la fréquence des mots et de la structure formelle de leurs co-occurrences dans les énoncés d'un corpus donné (Reinert, 1993). Le logiciel ALCESTE (Image Ltd., Toulouse, France), créé par Reinert en 1986, procède par découpage d'unités sémantiques d'analyse et ne propose aucune catégorisation *a priori*.

Le principe de ce logiciel repose sur le degré de co-occurrence (évalué par un test de Khi2) des mots du texte. Le logiciel relève toutes les racines des mots présents. Par exemple, les pluriels ou les verbes conjugués sont réduits à leur racine (lemmatisation). En effet pour ce type d'analyse, la sémantique des termes est plus importante que leur caractéristique grammaticale. La méthode va consister essentiellement à faire un tableau contenant en lignes les « UCE » du texte, unités de contexte élémentaire ou phrases découpées par le logiciel, et en colonnes les mots (noms, verbes, adjectifs). Ce tableau sera plein de zéros et de un. Ce tableau permet de mesurer l'activité sémantique du locuteur à différents moments de l'énonciation.

	semaine	parler	ami
UC1	0	1	0
UC2	1	0	0
UC3	1	1	0
…			

La méthode procède par étapes en réorganisant le tableau pour produire d'abord deux classes de vocabulaire très contrastées ; puis en découpant la plus grosse des deux en deux, etc. D'où le nom de CDH (Classification descendante hiérarchique). Enfin, il arrête la classification lorsque le nombre de classes atteint est stable.

Celles-ci se présentent sous la forme de classes de discours composées d'une liste de termes ordonnés par ordre décroissant d'occurrence dans la classe (valeur du Khi2). Le sens attribué à chaque classe de discours n'est pas donné par le logiciel, mais formulé par l'analyste au vu de la liste des mots significatifs de la classe. Ainsi, dans l'exemple qui suit – application d'ALCESTE au corpus d'entretiens réalisé dans le cadre de l'enquête sur l'hospitalité (Gotman, 2001) – les titres donnés à chaque classe « Le travail dans le quotidien », « Le temps troublé de l'installation familiale » sont le fruit de l'interprétation de l'analyste. Si le logiciel ne distingue aucune classe dans un texte cela signifie que ce texte possède une certaine uniformité thématique. Par contre, la détection de classes dans un texte traduit le fait que ce texte est constitué de différents mondes lexicaux, un peu comme un livre est constitué de différents chapitres. Mais à la différence du livre, les classes d'un discours sont rarement ordonnées séquentiellement. Par ailleurs, on peut traiter plusieurs entretiens ensemble qui forment un seul et même corpus. Il est alors possible de rendre compte de l'association d'un certain nombre de variables (locuteur, appartenance à un groupe social, sexe, âge, etc.) aux différentes classes de discours. Le degré d'appartenance à une classe de discours d'une variable donnée est là encore précisé par la valeur du Khi2 d'association à la classe.

Pour illustrer l'intérêt de ce type d'analyse lexicographique, nous avons traité un entretien extrait de l'enquête sur l'hospitalité déjà évoquée.

Le programme a identifié cinq classes de discours. Ces classes sont présentées ci-dessous avec un titre que nous leur avons donné après interprétation des résultats. La première colonne donne la valeur du Khi2 d'association de la racine du mot à la classe. La deuxième colonne indique le nombre d'UCE contenant le mot dans la classe. La troisième colonne indique la racine du mot. Les classes sont numérotées de 1 à 5.

La lecture se fait ainsi : La racine « semaine » est présente 13 fois dans les unités de contexte élémentaire de la classe « le travail au quotidien », la valeur du Khi2 pour ce mot étant de 30.10.

Classe 1. Le travail dans le quotidien

Khi2	nombre d'u.c.e. dans la classe	Formes réduites
30.10	13	semaine
20.72	11	faire
16.61	6	vivre
16.61	6	parler
10.88	4	travail
10.88	4	sortir
8.08	3	probleme
8.08	3	interessant

Classe 2. Le temps troublé de l'installation familiale

Khi2	nombre d'u.c.e. dans la classe	Formes réduites
25.79	7	fin
17.20	7	demenag
14.34	4	debut
12.89	8	histoire
11.13	15	fait
8.12	8	appartement
6.59	3	acheter

Classe 3. La structuration de la vie quotidienne et la tension « Habitude / Changement »

Khi2	nombre d'u.c.e. dans la classe	Formes réduites
12.90	8	habitu
12.77	9	aller
12.09	5	autorit
12.09	5	essayer
10.50	7	changer
9.59	4	raler
9.59	4	endroit
7.13	3	engueul

Classe 4. Le discours sur le passé communautaire

Khi2	nombre d'u.c.e. dans la classe	Formes réduites
29.27	8	fille
21.13	5	communaut
21.13	5	chambre
20.34	6	habiter
16.75	4	piece
12.48	5	paris
12.45	3	tunis
12.45	3	aine
12.45	3	ne
11.90	4	marseille
11.90	4	vraiment

Classe 5. Les tensions ordinaires de la communauté

Khi2	nombre d'u.c.e. dans la classe	Formes réduites
28.95	13	course
24.30	11	soir
22.25	20	petit
22.01	10	repas
14.29	13	heure
13.00	6	assur
13.00	6	occuper

Par ailleurs, le programme ALCESTE extrait les UCE spécifiques de chacune des classes. Il est indispensable de consulter ces extraits de texte pour interpréter les résultats bruts. Par exemple, pour la classe 5 les premières UCE des 85 mentionnées sont :

u.c.e. : 15 Classe : 5 Khi2 : 5

donc ils ont installé un lit, ils **dormaient** avec leur **fils** et camille, leur **fille,** elle **dormait** avec nos **enfants** qu'est-ce qu'on peut en **dire ? plein** de **petites** histoires. alors moi ça me **dérangeait** pas.

u.c.e. : 17 Classe : 2 Khi2 : 5

et elle avait **pris** l'atelier comme **bureau.** donc le **bureau** c'était un peu fini et donc elle voulait **travailler** le **soir,** mais le **soir** ils étaient là et puis en plus on discute beaucoup avec eux, ils sont très **intéressants.**

u.c.e. : 22 Classe : 2 Khi2 : 3

être eux qui sont recus qui se plient aux habitudes. nous, les **trucs** ont été un peu **tangents** sur les **tâches ménagères,** parce que c'est toujours là-dessus de-toute-facon que ça **coince** hein !

La lecture de ces extraits permet d'identifier un titre pour la classe concernée. Ainsi, après lecture des extraits de chacune des classes, nous avons pu interpréter le discours de l'interviewé comme suit :

La vie quotidienne est un domaine à travers lequel l'interviewé discerne les manières d'être et les modes de vie des autres : régularité, habitudes, rituels, relations d'autorité, permissivité. Cet interviewé a fait l'expérience de très nombreux déménagements, il a été lui et sa famille hébergé chez des amis dans ces périodes de transition et il a d'emblée conçu son appartement pour pouvoir héberger des amis. C'est le conflit des habitudes qui, selon lui, structure la relation d'hospitalité dans l'espace et durant les périodes d'hébergement (habitudes alimentaires, éducation des enfants, horaires, etc.). Ce sont ces différences qui engendrent frottements, incompréhensions, désagréments et éventuellement disputes. L'interviewé a lui-même fait dans sa jeunesse des expériences de vie en communauté et il constate que son appartement et son mode de vie familial n'est pas aussi propice qu'il le voudrait à une vie à plusieurs. L'expérience qu'il vient de vivre après avoir hébergé des amis et leurs enfants a ainsi provoqué nombre de petits dérangements dans l'organisation de la vie domestique et a suscité une certaine amertume liée à l'incompréhension mutuelle du fonctionnement et des goûts de chacun. L'approvisionnement, les courses, la préparation des repas et l'occupation des soirées sont autant de sujets d'agacement.

L'analyse assistée par le programme ALCESTE permet donc de mieux repérer les univers de références auxquels se rapportent les interviewés, d'en évaluer le poids respectif et de reconstruire les logiques subjectives à travers lesquelles ils appréhendent leur expérience.

5

LE COMPTE RENDU D'UNE ENQUÊTE PAR ENTRETIEN

La communication du travail scientifique fait partie de l'enquête, c'est une phase à part entière, la dernière, de la recherche. Certains auteurs considèrent même que l'écriture scientifique est un travail d'enquête et ne diffère pas de toute activité d'écriture. Ainsi, deux tendances se dégagent par rapport à cette question : les tenants d'un modèle scientifique, aligné sur celui des sciences dites « dures », qui privilégient l'objectivité en faisant disparaître le sujet écrivant, se placent d'un point de vue panoptique et conçoivent le *rédaction* comme une simple opération de transposition des résultats ; et les tenants d'un modèle général qui contestent la validité même du modèle scientifique, réintroduisent la subjectivité de l'auteur, font réapparaître son point de vue et, partant, donnent à l'*écriture* un statut véritable faisant appel à l'imaginaire. Dans un cas, la rédaction est une opération « transparente », dans l'autre, l'écriture est une opération de traduction.

Plusieurs stratégies textuelles ont pu ainsi être identifiées par Clifford Geertz chez les ethnologues les plus connus : le « diaporama » où « tout indice de combat avec les mots » est évacué, tout est à dire et à exposer avec une clarté qui repose en fait sur une autorité liminaire ; le « Je témoin » qui consiste à rendre le récit crédible à travers la crédibilité du locuteur, et qui traduit, à travers un style « naturel-scientifique », la double qualité du cosmopolite qui peut s'infiltrer dans toutes les situations et de l'enquêteur parfait ; « le nous/non nous » qui consiste à présenter l'étrange sous la forme d'un familier par une description qui est en fait une redescription (Geertz, 1996, p. 66-127). Autant de stratégies qui expriment une position par rapport à l'autre ethnographié, objectivable, compréhensible ou surprenant.

De fait, les travaux d'enquêtes bâtis sur le recueil d'entretiens débouchent le plus souvent sur un écrit final à deux voix, celle de l'auteur – en référence à l' « écriture » des sciences sociales évoquée ci-dessus –, et celle des interviewés conservée dans les citations. Cette convention traduit la position divisée du sociologue vis-à-vis d'un objet-sujet qu'il ne peut se résoudre à réduire.

Toutefois, la question n'est pas simplement de savoir « qui parle », mais « à qui l'on parle », le statut du locuteur et celui de son public étant, en l'occurrence, indissociables. On examinera donc les conditions sociales de la production et de la réception des enquêtes sociologiques par entretien dans le monde contemporain.

On évoquera successivement les conditions sociales qui président aux stratégies textuelles visant à assurer le statut d'auteur, et les conditions sociales des stratégies textuelles visant à assurer le statut d'interviewé.

1. L'ENQUÊTEUR COMME AUTEUR

Une sociologie compréhensive qui a notamment pour but de décrire et de comprendre non seulement les pratiques, mais leur « théorie », doit en fait la reconstruire, dans la mesure où les gens que l'on étudie ne sont pas naturellement portés à théoriser eux-mêmes. Dans cette perspective, le chercheur se donne pour objectif de la reconstruire d'après ce qu'il comprend, de décrire *sa* façon de voir la façon de voir d'une population ou d'un groupe – il « lit par-dessus leur épaule », écrit Geertz, car l'asymétrie fondatrice des sciences sociales demeure. Leurs travaux ont toujours pour objet « la représentation d'un mode de vie dans les catégories d'un autre » (1986, p. 143). Le centre d'attraction de la recherche se déplace alors des façons de voir de la population étudiée (ses façons de faire et de penser ce qu'elle fait, ses raisons d'agir) à la façon dont le chercheur les voit. Autrement dit, ce qui devient « curieux » n'est plus l'autre, mais la description elle-même, et l'on commence à regarder les textes au lieu de regarder à travers eux. La place de l'auteur sort de la coulisse pour venir sur le devant de la scène.

Ce type de construction narrative se justifie par l'importance donnée à la réflexivité dans l'ensemble de la sphère scientifique, sciences physiques et sociales réunies. De même que la séparation entre théories et faits (et l'idée du fait « brut ») n'est plus opératoire *(cf.* la co-construction du discours dans l'interaction de l'entretien), de même, l'effort pour créer un vocabulaire formel d'analyse neutre, expurgé de toute référence subjective, est-il vain[1]. Y compris et peut-être surtout dans la phase descriptive, le « ''je'' méthodologique » de l'auteur intervient pour choisir ce qui va être décrit, narrer les faits, et rendre leur compréhension crédible. Et ce, *a fortiori*, lorsque la sociologie ne se donne pas pour but de relier les comportements à leurs déterminants – déterminer le « pourquoi ? » – mais l'action à son sens – décrire le « comment ? ».

La production écrite qui résulte d'une enquête par entretien a donc non seulement pour objectif de communiquer les résultats de l'enquête et de son analyse, mais de les rapporter au travail d'enquête – ainsi inclure la trace que l'enquêteur laisse de son expérience. Les conventions d'écriture de l'enquête par entretien accordent désormais une attention durable aux conditions de réalisation de l'enquête et aux diverses dimensions du rapport du chercheur à son objet d'étude (Chapoulie, 2000, p. 15). La méthodologie, au lieu d'être présentée en annexe, peut alors « avancer » dans le texte, et figurer dès les premiers chapitres théoriques. On y inclura non seulement la description et les caractéristiques de la population interviewée, mais le compte rendu du déroulement de l'enquête : recueil des données, difficultés rencontrées, occasions inattendues qui ont contribué à remodeler les catégories d'analyse et à infléchir, à différents moments, les hypothèses, voire la construction de l'objet.

1. Pour autant, l'importance accordée à l'expression de la subjectivité dans le rapport à l'écrit n'est pas la panacée non plus. L'explicitation du rapport du chercheur à son terrain se justifie lorsqu'elle apporte une explication sur les choix méthodologiques qui ont eu des conséquences sur la nature des données recueillies et, le cas échéant, sur les hypothèses de l'enquête. Au-delà, elles entrent dans un registre auto-référentiel peu pertinent. De même, la présence du « "je" méthodologique » dans le compte rendu de l'enquête peut correspondre à un artifice visant le rétablissement d'une symétrie entre l'enquêteur et les enquêtés : « Le "je" serait la condition nécessaire du "lui" », son principe de légitimation. cf. Olivier de Sardan, « Le "je" méthodologique. Implication et explicitation dans l'enquête de terrain », *Revue française de sociologie*, 2000, 41-3, p. 417-445.

La description des conditions de l'enquête s'impose d'autant plus que celle-ci a rencontré des obstacles ayant une valeur heuristique. Ce peuvent être des obstacles d'ordre matériel : difficultés pour rencontrer la population souhaitée dues au « barrage » de certains intermédiaires, par exemple ; ou encore des problèmes de fiabilité de l'information recueillie : discours lacunaires, contradictoires ou instables. Les exemples suivants illustrent ces deux cas de figure. Le premier est extrait d'un article entièrement consacré à cette question.

Manœuvres scientifiques en terrain militaire (Bruneteaux, 1995) : l'enquêteur face à une culture du secret

On a déjà mentionné l'enquête de Patrick Bruneteaux sur les centres de formation de la gendarmerie, et les obstacles institutionnels rencontrés par l'enquêteur pour pénétrer le terrain et enquêter auprès des différents agents. L'auteur, qui met en évidence le répertoire des tactiques adoptées pour réaliser son enquête, relève également la dimension heuristique des situations et des postures auxquelles le « barrage » de ses interlocuteurs l'ont contraint de se plier. S'étant par exemple décidé à participer à un exercice de maintien de l'ordre pour mener à bien ses investigations, il note en avoir retiré des impressions dont il se demandera alors si elles sont partagées par les agents en exercice : « fatigue, gêne du masque, chaleur, sentiment d'être perdu dans un événement mouvant qu'on ne contrôle absolument pas quand on est un exécutant, perception des distances très difficiles, écoute très diminuée par le bruit et le casque », ces signes cliniques éprouvés par un novice le sont-ils aussi par les troupes en exercice, et celles-ci dépassent-elles ces handicaps ? Qu'implique alors « la capacité à suivre le chef "comme un seul homme" » ? (p. 116). Il peut alors constater, à l'encontre de ses préjugés, que les opérations de maintien de l'ordre sont effectivement « menées dans un contexte très confus » en raison notamment de leur caractère collectif et de l'étendue des figures d'apprentissage requises.

À l'écoute des humbles. Entretiens en milieu populaire (Coenen-Huther, 2001) : l'enquêteur face à un « affabulateur »

Parmi les compagnons d'hôpital interviewés par l'enquêteur, figure un « vagabond plus ou moins apprivoisé » dont le récit attire les notations suivantes de l'auteur : « On peut penser [...] qu'il ne résiste pas toujours à une tendance à exagérer ses performances... » ; « c'est avec une évidente complaisance qu'il prend son interlocuteur à témoin du sort pénible qui fut le sien » ; « son témoignage comporte vraisemblablement une part de mythe, entretenu pour des raisons d'équilibre personnel... » ; « intarissable sur les sujets qui lui tiennent à cœur, Guillaume livre des informations qui ne sont peut-être pas toujours à prendre à la lettre » ; « lorsqu'il fabule quelque peu ou lorsqu'il jette le voile sur certains épisodes, ce qui importe avant tout c'est qu'il se sent poussé à affirmer, ou au contraire, à dissimuler, compte tenu du rôle qu'il assume vis-à-vis de l'enquêteur » (p. 118-120). Par ces commentaires, l'auteur donne plusieurs types d'indications : premièrement, l'auteur n'est pas dupe – il garantit ainsi la validité de ses résultats ; deuxièmement, le style narratif de l'interviewé est explicable et interprété : a) par rapport à l'équilibre personnel du locuteur, b) par rapport à la situation d'entretien. Troisièmement, cette logique discursive fait partie de l'objet même de l'analyse – « Son témoignage comporte vraisemblablement une part de mythe, entretenu pour des raisons d'équilibre personnel. Mais la logique sous-jacente à ses propos n'en reste pas moins intéressante d'un point de vue sociologique » (p. 119). Enfin, l'auteur, dans ce récit particulier, a pris soin de « confronter » le récit de Guillaume avec des informations provenant d'autres sources : des voisins, des copains, un médecin qui s'est intéressé à lui, un travailleur social qui a eu à traiter de son cas. Sans rapporter explicitement l'initiative de cette contre-enquête au style particulier de Guillaume, l'auteur indique néanmoins que cette démarche lui a été soufflée par l'interview. On en déduit l'existence d'un lien entre certaines trajectoires, un mode de perception des rapports sociaux et un mode de présentation de soi.

2. Les interviewés, public de l'enquête

Tandis que le statut du chercheur se rapproche de celui d'auteur, le statut des interviewés se modifie également. Le chercheur, le groupe étudié, et le lectorat potentiel de l'étude tendent désormais à se recouper et à fusionner. « L'objet d'étude des sociologues, écrit Everett Hughes, est le public même auquel leurs découvertes peuvent être finalement communiquées » (1996, p. 298).

Contrairement aux siècles passés où les observateurs des mondes géographiquement ou socialement lointains s'adressaient exclusivement à leurs pairs et aux sphères de pouvoir (colonial ou patronal) dont ils étaient les émissaires plus ou moins directs, le chercheur en sciences sociales d'aujourd'hui évolue dans un monde infiniment moins compartimenté et cloisonné. Il le sait immédiatement pour ne pas pouvoir aborder un interviewé sans s'entendre poser les questions : « pourquoi cette enquête ? », « pour qui ? » et « à quoi servira-t-elle ? » ; et, de plus en plus souvent, pour s'entendre demander la communication des résultats.

L'enquêteur n'est pas seulement membre d'un laboratoire, il est aussi et toujours membre d'une cité où les publics de l'activité scientifique sont de plus en plus nombreux, diversifiés et proches socialement. La séparation du monde en métropole et colonies, entre classes moyennes et *underdogs* s'est pratiquement désintégrée, affirme Geertz. « Le monde comporte toujours des compartiments, mais les passages qui les relient sont beaucoup plus nombreux et beaucoup moins sûrs » (1996, p. 132). On ne peut donc pas s'adresser aux uns et pas aux autres, publier pour les pairs et escompter ne pas être lus par les gens que l'on a interviewés.

Ainsi, l'auteur d'une enquête sociologique devra écrire et publier pour des publics de plus en plus proches, mais dont les exigences ne se recouvrent pas nécessairement, notamment, en raison du degré de notoriété de l'auteur. Plus celle-ci est forte, moins les conventions académiques sont contraignantes, plus le texte peut être écrit en style direct. À l'inverse, le chercheur débutant, davantage porté à présenter des gages de scientificité à la communauté dans laquelle il veut s'intégrer et être reconnu, offrira plus volontiers un texte à caractère professionnel, nourri de références internes.

De cette dualité de publics, celui des pairs, et celui de la société (étudiée), découlent deux types de stratégies textuelles : l'une orientée par la plausibilité ; l'autre par la crédibilité.

2.1 Plausibilité et citations d'extraits d'entretiens

Vis-à-vis du public scientifique, on privilégiera, pour la publication d'une enquête, les éléments sinon de preuve et de vérification, du moins de plausibilité. Parmi les ressources disponibles pour obtenir un tel effet, la citation d'extraits d'entretien constitue un élément de choix.

En tant que production de « source », la citation fait tout d'abord fonction d'élément de « preuve ». Elle atteste qu'on a bien été sur le terrain, et apporte de la véracité au récit. Elle peut ensuite, lorsque l'énoncé de l'interview choisi se superpose à l'énoncé du chercheur, renforcer la plausibilité de faits ou de significations avancés par l'auteur. Le lecteur dispose alors de deux formulations différentes de la proposition du chercheur, l'une en langage « naturel », l'autre en langage « semi-artificiel ». La citation peut également, lorsqu'elle vient en illustration des analyses de l'auteur, étayer ses interprétations. Dans ce cas, le lecteur dispose le plus souvent de deux énoncés légèrement différents, celui de l'interviewé qui livre une suite d'*éléments*, et celui de l'auteur qui établit une *relation* entre ces éléments. Une citation longue, voire exhaustive d'un entretien, peut remplir toutes ces fonctions à la fois, et servir de référence aux propositions de l'auteur. L'un et l'autre énoncés peuvent alors se lire quasi séparément, la citation offrant un « tableau » ou un « portrait » dont les clés de lecture figurent dans le texte proprement dit.

Le recours à la citation ne peut évidemment se substituer au texte qu'il vient éclairer ou étayer. Selon les fonctions de la citation, l'extrait sera plus ou moins bref, comportera au contraire des séquences entières d'entretien, voire l'entretien dans sa totalité – auquel cas on peut le faire figurer dans un encadré. Chaque citation doit être suivie des variables d'identification incluses dans les hypothèses.

Dans tous les cas, l'énoncé de l'interviewé, qui est en langage naturel, est convoqué pour renforcer l'expressivité du texte sociologique. Il le rend plus parlant, plus vivant et permet au public des lecteurs une identification directe avec le public étudié. En donnant à lire le matériau de base et sa transformation en analyse, la citation d'extrait d'entretien donne aussi accès aux coulisses du travail sociologique qu'il rend ainsi plus palpable.

2.2 Crédibilité et formes de la citation : texte parlé ou écrit ?

De la perméabilité croissante des sociétés, il résulte que le droit d'écrire ne va plus de soi. Il n'est plus guère possible, en effet, d'écrire *au nom* de ceux que l'on a découverts ou que l'on s'est efforcé de comprendre, ni de se présenter comme le « tribun d'une *underclass* inaudible », le « révélateur de ce qu'on ne voit pas, le décrypteur de ce qui se conçoit mal » (Geertz, 1996, p. 133). De plus en plus, le chercheur sait qu'il doit pouvoir être lu et compris par des personnes qu'il a interviewées, et que la publication de son enquête peut constituer une ressource pour la population du quartier, de l'entreprise ou pour les utilisateurs de l'équipement ou du dispositif étudié. Il se trouve alors devant l'obligation de pouvoir « retourner » à ses interlocuteurs non seulement *sa* propre façon de voir (et être exposé à une divergence de point de vue), mais sa façon de *voir leur façon de voir* – et exposer ses interlocuteurs à leur propre objectivation. Or comme le note Hughes, « ce n'est pas tant la rédaction d'un rapport qui dérange les individus étudiés que le fait même d'être pensé en termes objectifs » (1996, p. 278).

L'effet de l'objectivation est d'autant plus risqué pour l'enquêté-lecteur que la citation est longue, qu'il peut s'y reconnaître mais aussi s'y trouver défiguré, la transformation de l'oral en texte écrit provoquant toujours un effet réducteur. Quiconque a fait l'expérience de faire relire à un interviewé son entretien retranscrit se sait exposé à des contestations véhémentes, aussi bien quant à la forme (« ce n'est pas comme ça que je parle ! »), que quant au fond (« ce n'est pas ce que je voulais dire »).

Si les interviewés peuvent se reconnaître dans la publication d'une enquête à laquelle ils ont participé, ils ne sauraient évidemment être reconnaissables par des tiers. En particulier dans les enquêtes portant sur des terrains fortement localisés, les variables d'identification devront alors être masquées (ou falsifiées).

À cette exigence éthique, s'ajoutent des options textuelles qui concernent la « traduction » du texte oral en texte écrit. Il n'existe pas, sur ce point, de consensus, et l'on observe chez les différents auteurs des pratiques divergentes allant de la retranscription littérale à la transcription réécrite. La retranscription littérale conserve toutes les formes syntaxiques et grammaticales du discours parlé et utilise certaines conventions de ponctuation (comme les « heu… » pour marquer les hésitations et les points de suspension pour marquer les silences). Elle se justifie lorsque l'analyse porte sur les éléments modaux du discours, ou sur le rapport du locuteur au discours. La transcription écrite qui adopte, à des degrés divers, les conventions grammaticales et formelles du texte écrit tend au contraire à effacer les traces expressives du discours au profit des éléments de contenu, à ponctuer le texte selon le rythme et les signes « usuels » des textes écrits, éventuellement à corriger les fautes grammaticales, pour faciliter la *lecture* d'un texte *parlé*. Aucune de ces conventions n'est « pure » : la première, parce qu'elle utilise des conventions de traduction des éléments expressifs du langage, et de translation de ponctuation ; la seconde parce que l'écrit est lui-même l'objet de conventions multiples et fluctuantes. C'est donc à des compromis adaptés au cas par cas que l'auteur devra recourir le plus souvent. De même, en ce qui concerne la citation d'un extrait *in extenso* ou pas : selon l'objet de l'analyse, on choisira de conserver l'intégralité de l'extrait ou on fera les coupures jugées nécessaires à une meilleure lisibilité (en supprimant les redites, notamment).

Selon le parti choisi, c'est un type d'objectivation du discours de l'interviewé que l'on adopte, une distance plus ou moins grande à l'enquêté : la textualité la plus fidèle à la langue de l'interviewé sous-tend une mise en altérité maximale du locuteur cité tandis que la textualité la plus proche de l'écriture sociologique implique une mise en altérité minimale.

CONCLUSION

Au terme de cet ouvrage, l'entretien apparaît comme une méthode dont on peut décrire les ressorts et les mécanismes. On a pu penser que l'interviewer opérait un simple prélèvement de discours auprès d'interviewés communicant en quelque sorte leur « pensées privées ». Il n'en est rien. L'interviewer influence l'interviewé. On a pu penser aussi que cette influence fabriquait entièrement un discours, dès lors sans portée. En fait, tout discours produit par entretien est co-construit par les partenaires du dialogue, en fonction des enjeux de la communication et des interactions à l'œuvre dans l'interlocution.

La reconnaissance d'un biais fondamental n'est pas la marque de l'invalidité d'une méthode mais, au contraire, la condition nécessaire pour que cette méthode atteigne un statut scientifique. Une méthode étant précisément caractérisée par la maîtrise des distorsions auxquelles elle soumet les faits.

Ainsi, pour que ses résultats soient valides et que l'enquête par entretien remplisse ses fonctions d'élucidation, d'explication et d'objectivation des phénomènes, la méthode requiert les principes suivants :

– une réflexion sur l'adéquation de la technique d'enquête avec la question traitée et la problématique retenue ;

– une préparation du protocole d'enquête adapté aux données recherchées ;

– une maîtrise des paramètres qui influent sur la situation d'entretien ;

– une orientation sélective de l'écoute et des interventions en fonction des objectifs et des hypothèses ;

– une analyse des discours cohérente avec l'ensemble de la démarche ;

– un compte rendu dans lequel l'auteur et le public sont correctement situés.

C'est à ces conditions que l'entretien, longtemps considéré comme une approche intuitive, devient une méthode d'investigation crédible dans le domaine des sciences.

BIBLIOGRAPHIE

1. Ouvrages de référence

BARDIN L., *L'Analyse de contenu*, Paris, PUF, 1991.

Sur les différentes méthodes d'analyse de contenu : histoire, présupposé théoriques, conditions d'application. Pour prendre connaissance des possibilités et des limites de l'ensemble des analyses de contenu.

BECKER H., *Les Ficelles du métier. Comment conduire sa recherche en sciences sociales*, Paris, La Découverte, coll. « Guides Repères », 2002, pour la traduction française.

Sur un ensemble de questions soulevées par la conduite d'une recherche, notamment l'enquête par entretiens. L'ouvrage, étayé sur des exemples concrets et diversifiés, donne à voir la recherche en train de se faire.

BLANCHET A., *Dire et faire dire : l'entretien*, Paris, A. Colin, 1991.

Sur les effets d'influence et les mécanismes interlocutoires en jeu dans l'entretien. Pour approfondir la dynamique de l'entretien et analyser sa propre conduite d'interviewer.

BLANCHET A. *et al.*, *L'Entretien dans les sciences sociales*, Paris, Dunod, 1985.

Sur l'histoire de l'entretien, l'analyse des pratiques, le statut de la connaissance, l'approche clinique et l'analyse de contenu. Pour appréhender les différentes dimensions psychologiques et sociales à l'œuvre dans l'usage de l'entretien.

GHIGLIONE R., MATALON B., *Les Enquêtes sociologiques. Théories et pratiques*, Paris, A. Colin, 1978.

Sur la production, l'analyse et l'interprétation des données d'enquête par entretien et questionnaire. L'ouvrage donne un aperçu global de ces différentes techniques d'enquête et de leurs usages respectifs.

« Histoires de vie et vie sociale », *Cahiers internationaux de sociologie*, LXIX, 1980.

Sur l'histoire et le récit de vie : définition, conditions de validité, et domaines d'application. L'ouvrage resitue les histoires de vie dans les sciences sociales et permet de découvrir différents points de vue sur la méthode.

HUGHES E. C., *Le Regard sociologique. Essais choisis*, Paris, Éditions de l'EHESS, 1996.

Ce recueil d'essais choisis traite du regard sociologique sur des questions spécifiques et de l'approche sociologique en tant que telle (place du travail de terrain, public de la sociologie..) ; le chapitre sur « La sociologie de l'entretien » met l'accent sur l'entretien comme forme de rhétorique sociale.

LECLERC G., *L'Observation de l'homme, une histoire des enquêtes sociales*, Paris, Seuil, 1979.

Une histoire des enquêtes sociales et une analyse critique des modes d'observation de l'homme. Pour connaître les principales sources et évolutions de l'enquête dans l'histoire occidentale et leurs multiples implications sociales et politiques.

QUIVY R., VAN CAMPENHOUDT L., *Manuel de recherches en sciences sociales*, Paris, Dunod, 1988.

Sur les questions relatives à la formulation de la problématique, des hypothèses, et à la construction de l'enquête. Pour se repérer dans les différentes étapes du processus de recherche.

2. Bibliographie complémentaire

• *Exposés méthodologiques sur l'enquête par entretien*

BASTIN G., *Note sur la méthode Alceste*. From www.melissa.ens-cachan.fr, 2002.

BECKER H.S., *Sociological Work. Method and Substance.* Chicago, Aldine, 1970.

BERTAUX D., « L'approche biographique. Sa validité méthodologique, ses potentialités », *Cahiers Internationaux de Sociologie*, LXIX, 1980, p. 197-227.

BÉZILLE H., « Les interviewés parlent », in BLANCHET A. *et al.*, *L'entretien dans les sciences sociales*, Paris, Dunod, 1985, p. 117-142.

BLANCHET A., BROMBERG M., URDAPILLETA I., « L'influence non directive », *Psychologie Française*, 1991, 35-3, p. 217-226.

BLANCHET G., BLANCHET A., « Interactional Effects of the Environment on the Interview », *European Journal of Psychology of Education*, 1994, IX,1, p. 41-53.

BRUNETEAUX P., « Manœuvres scientifiques en terrain militaire », *Genèses*, 19, 1995, p. 108-121.

CHAPOULIE J.-M., « Le travail de terrain, l'observation des actions et des interactions, et la sociologie », *Sociétés contemporaines*, 2000, 40, p. 5-27.

COENEN-HUTHER J., *À l'écoute des humbles. Entretiens en milieu populaire,* Paris, L'Harmattan, coll. « Logiques sociales », 2001.

COHEN S., « Enquêtes au sein d'un "milieu difficile" : les responsables de la politique étrangère et de la défense », in S. COHEN, *L'Art d'interviewer les dirigeants*, Paris, PUF, coll. « Politiques d'aujourd'hui », 1999, p. 17-51.

GERLDER van P., « Talkability, Sexual Behavior, and AIDS : Interviewing Male Moroccan Immigrants », *Human Organization*, 55, 2, 1996, p. 133-140.

GIAMI A., « L'entretien de groupe », in BLANCHET A. *et al.*, *L'Entretien dans les Sciences sociales*, Paris, Dunod, 1985, p. 221-232.

GORDEN R.L., *Interviewing. Strategies, techniques and tactics*, Homewood, The Dorset Press, 1969.

HILLER H. H. et DILUZIO L., « The Interviewee and the Research Interview : Analysing a Neglected Dimension in Research », *Revue Canadienne de Sociologie et d'Anthropologie*, 41, 1, 2004, p. 1-26.

LANZARINI C., « Les entretiens informels », *Sociétés contemporaines*, 30, 1998, p. 157-180.

MICHELAT G., « Sur l'utilisation de l'entretien non directif en sociologie », *Revue française de sociologie*, 1975, XVI, p. 229-247.

MULLER P., « Interviewer les médiateurs : hauts fonctionnaires et élites professionnelles dans les secteurs de l'agriculture et de l'aéronautique », in S. COHEN, *L'Art d'interviewer les dirigeants*, Paris, PUF, coll. « Politiques d'aujourd'hui », 1999, p. 67-84.

REINERT M., « Les mondes lexicaux et leur logiques ». *Langage et sociétés*, 66, 1993, p. 5-39.

ROETHLISBERGER F.J., DICKSON D., *Management and the Worker*, Chicago, Cambridge (Massachusetts), Harvard University Press, 1943.

ROGERS C. R., « The Non Directive Method as a Technic for Social Research », *American Journal of Sociology*, 1945, 50-4, p. 279-283.

THOMPSON P., « Récits de vie et changement social », *Cahiers internationaux de sociologie*, vol. LXIX, 1980, p. 226-242.

• *Textes de sociologie et de psychologie permettant d'étayer la réflexion*

ADORNO T.W., FRENKEL-BRUNWIK., LEVINSON D.J., SANFORD R. J., *The Authoritarian Personality*, New York, Harper and Brothers, 1950, cité dans Michelat (1975, p. 230).

AUGÉ M., *Domaines et Châteaux*, Paris, Seuil, 1989.

BOURDIEU P., *Le Sens pratique*, Paris, Éditions de Minuit, 1980.

DUBET F., *Sociologie de l'expérience*, Paris, Seuil, 1994.

DURKHEIM É. (1897) *Le Suicide*, rééd. Paris, PUF, 1990.

DURKHEIM É. (1901) *Les Règles de la méthode sociologique*, rééd. Paris, PUF, 1990.

GEERTZ C., *Ici et là-bas. L'anthropologue comme auteur*, Paris, A.-M. Métailié, 1996 pour la traduction française.

GEERTZ C., *Savoir local, savoir global. Les lieux du savoir*, Paris, PUF, 1986 pour la traduction française.

GOFFMAN E., *La Mise en scène de la vie quotidienne*, Paris, Éditions de Minuit, 1973 pour la traduction française, tome 1. *La présentation de soi.*

GRAFMEYER Y., JOSEPH I., *L'École de Chicago. Naissance de l'écologie urbaine* (choix de textes traduits et présentés), Paris, Éditions du Champ Urbain, 1979.

HANNERZ U., *Explorer la ville* (traduit et présenté par I. JOSEPH), Paris, Éditions de Minuit, 1983, pour la traduction française.

HUGUET M., « Réflexion sur "l'approche clinique" en psychosociologie », *Bulletin de Psychologie*, 1976, 322, p. 450-456.

LABOV W., *Le Parler ordinaire – La langue dans les ghettos noirs des États-Unis*, Paris, Éditions de Minuit, 1978 pour la traduction française.

LABOV W., FANSHEL D., *The Therapeutic Discourse*, New York, Academia Press, 1977.

MILLS C.W., *L'Imagination sociologique*, Paris, Maspero, 1978 pour la traduction française.

PORTER E. H., *An Introduction to the Therapeutic Counseling*, Boston, Houghton Mifflin, 1950.

RABINOW P., *Un Ethnologue au Maroc. Réflexions sur une enquête de terrain*, Paris, Hachette, 1988 pour la traduction française.

RAYMOND H., *L'Architecture, les aventures spatiales de la Raison*, Paris, Centre Georges-Pompidou, Centre de Création Industrielle, coll. « Alors », 1984.

SIMON P.J., *Histoire de la Sociologie*, Paris, PUF, 1991.

SINGLY F. DE, *L'Enquête et ses méthodes : le questionnaire*, Paris, A. Colin, coll. « 128 », 2e édition, 2005.

VEYNE P., *Le Pain et le cirque. Sociologie historique d'un pluralisme politique*, Paris, Seuil, 1976.

WEBER M. (1913) *Essai sur quelques catégories de la sociologie compréhensive. Essais sur la théorie de la science*, Paris, Plon, 1965 pour la traduction française.

WIRTH L., Préface à K. Mannheim, *Ideology and Utopia*, London, Routledge and Kegan Paul Ltd (1936) 1972, p. XXIII-XXV.

• *Comptes rendus de recherche utilisant l'enquête par entretien.*

BEAUD S., PIALOUX M., *Retour sur la condition ouvrière*, Paris, Fayard, 1999.

BECKER H.S., *Outsiders. Études de sociologie de la déviance* (1963), Paris, A.-M. Métailié, 1985 pour la traduction française.

BONVALET C., GOTMAN A. et GRAFMEYER Y. (eds), *La Famille et ses proches : l'aménagement des territoires*, Paris, PUF-INED, coll. « Travaux et documents », cahier n° 143, 1999.

DONNET J.-L., et GREEN A., *L'Enfant de ça,* Paris, Éditions de Minuit, 1973.

FRÉMONTIER J., *La Vie en bleu. Voyage en culture ouvrière*, Paris, Fayard, 1980.

GOTMAN A., *Le Sens de l'hospitalité. Essai sur les fondements sociaux de l'accueil de l'autre*, Paris, PUF, coll. « Le lien social », 2001.

GOTMAN A., *Dilapidation et prodigalité*, Paris, Nathan, coll. « Essais et recherche », 1995.

GOTMAN A. et BERTAUX-WIAME I., *L'Accession à la propriété dans le parc social*, Paris, Plan Construction et Architecture – IPRAUS – Travail et Mobilités, 1991.

GRAFMEYER Y., *Habiter Lyon. Milieux et quartiers du centre-ville*, Lyon, CNRS-Presses Universitaires de Lyon, 1991.

HERZLICH C. et PIERRET J., *Malades d'hier et d'aujourd'hui*, Paris, Payot, 1984.

LAPLANTINE F., « Anthropologie des systèmes de représentations de la maladie : de quelques recherches menées dans la France contemporaine réexaminées à la lumière d'une expérience brésilienne », in *Les Représentations sociales*, sous la dir. de F. JODELET, Paris, PUF, 1989, p. 277-298.

LAPLANTINE F., *Anthropologie de la maladie. Étude ethnologique des systèmes de représentations étiologiques et thérapeutiques dans la société occidentale contemporaine*, Paris, Payot, 1986.

MOSCOVICI S., Introduction à Herzlich C., *Santé et maladie. Analyse d'une représentation sociale*, Paris, Mouton, 1969.

RAMOS E., *Rester enfant, devenir adulte. La cohabitation des étudiants chez leurs parents,* Paris, L'Harmattan, coll. « Logiques sociales », 2002.

RAYMOND H., HAUMONT N., *Les Pavillonnaires*, Paris, L'Harmattan, 2001.

SCHWARTZ O., *Le Monde privé des ouvriers. Hommes et femmes du Nord*, Paris, PUF, 1990.

SÉBILLOTTE S., « Décrire les tâches selon les objectifs des opérateurs. De l'interview à la formalisation », *Le Travail humain*, tome 54, n° 3/1991, p. 193-223.

SINGLY F. DE, *Libres ensemble*, Paris, Nathan, 2000 ; Pocket, 2003.

VILLE I. et GUÉRIN-PACE F., « Interroger les identités : l'élaboration d'une enquête en France », *Population*, 3, 2005, p. 277-306.

INDEX DES NOMS

Adorno T., 23
Augé M., 23

Bardin L., 96
Becker H., 14, 31, 51-52, 54, 66, 71, 84
Bertaux D., 32, 51
Bézille H., 74
Blanchet A., 8, 69, 73, 81
Boas, 12
Bonvalet C., 45
Booth C., 12
Bourdieu P., 19
Bromberg M., 81
Bruneteaux P., 55, 108

Campenhoudt L. van, 35
Chapoulie J.-M., 14, 107
Coenen-Huther J., 18, 86, 109
Cohen S., 36, 86

Dickson D., 7, 65
DiLuzio L., 57
Du Bois, 12
Dubet F., 40
Durkheim É., 21-22

Fanshel D., 17, 86
Foucault. M., 63
Frémontier J., 18
Freud S., 10

Geertz C., 105-106, 110, 112
Gelder P. van, 63
Ghiglione R., 96
Giami A., 28
Glaser B., 15
Goffman E., 26
Gorden R. L., 66-67
Gotman A., 45, 51, 59, 90, 95, 97, 101
Grafmeyer Y., 13, 43, 45

Hannerz U., 13
Haumont N., 23, 30, 51
Herzlich C., 44
Hiller H. H., 57
Hughes E. C., 14, 65, 110, 112
Huguet M., 68

Joseph I., 13

Labov W., 17, 32, 72, 86, 89
Lanzarini C., 72
Laplantine F., 23, 29, 44
Le Play F., 11
Leclerc G., 11
Lowie, 12

Martineau H., 9
Matalon B., 96
Mills C. W., 25
Muller P., 49

Park R., 12
Piaget J., 9

Pierret J., 44
Porter E. H., 85

Quivy R., 35

Rabinow P., 26
Raymond H., 15, 23, 30, 51
Reinert M., 100
Roethlisberger F. J., 7, 65
Rogers C., 8, 10, 20

Schwartz O., 56
Simmel G., 65
Simon P. J., 13
Singly F. de, 21, 38
Strauss A., 15

Thomas W. I., 12-13
Thompson P., 39

Urdapilleta I., 81

Veyne P., 24

Weber M., 21-22
Wirth L., 24

Znaniecki F., 13

N° éditeur : 11003130 – (I) – (7) – OSB 80° – C2000 – (BTT)
Dépôt légal : février 2007